『日・米国家の命運』正誤表

お詫びして訂正いたします

	誤	正
177頁10行	飛行	航行
228頁9行	ニミッツ海軍少将	ニミッツ海軍大将

日・米国家の命運

怒りのミッドウェイ海戦

寶部 健次

東京図書出版

聯合艦隊司令長官　山本五十六大将

出典：防衛研修所『戦史叢書43巻　ミッドウェー海戦』

聯合艦隊司令部職員

第二列左から　新宮（暗）、有馬、市吉、永田、和田、
磯部、藤井、佐々木、渡邉、田口（医）、京谷（主）、福崎（副）

前列左から　三和，岩崎，黒島，今田（医），宇垣参謀長，山本長官，中村（機），
大松澤（主），高（法），大田（氣）

出典：防衛研修所『戦史叢書43巻　ミッドウェー海戦』

第一航空艦隊司令部職員

後列左から　小野参謀、西林（副）、雀部、坂上、吉岡各参謀

前列左から　源田参謀，新井（医），草鹿参謀長，南雲長官，田中（機），清水（主），大石参謀

出典：防衛研修所『戦史叢書43巻　ミッドウェー海戦』

序

一九四一年十二月八日、日本軍はアメリカ合衆国ハワイ真珠湾の奇襲攻撃に成功した。日本国は、明治以降の富国強兵政策の成果として世界に誇る比類なき強大な組織である軍隊を有し、とりわけ海軍は制海権力をもってインド洋から太平洋にかけての海域に君臨していた。大日本帝国憲法下における宣戦布告の権限は天皇と議会にあったが、太平洋戦域を前提とする宣戦の論議において海軍の意見を得ることなくその決定はあり得なかった。このことについて当時の内閣総理大臣近衛文麿が、山本五十六海軍大将（後元帥）に対アメリカとの戦争の場合についてその勝利の見込みを問うたところ、山本大将は是非やれと言われれば半年や一年は随分暴れてご覧に、と述べたとの逸話もある。

開戦から六カ月、アメリカ合衆国は日本軍によるミッドウェイ島攻略占領の意図を知る。アメリカ軍太平洋艦隊司令長官チェスター・ウィリアム・ニミッツ海軍大将（後元帥）は、日本軍が中部太平洋に位置するこの島を戦略的に何の目的で占領しようとしているのか疑義の念を抱いていた。彼は指揮下のフランク・フレッチャー海軍少将（後大将）及びレイモンド・スプルーアンス海軍少将（後大将）と顔をつき合わせて考え入った。

日・米国家の命運◇目次

はじめに

海は凪いでいた。あの日の海もこうであった。一九四二(昭和十七)年六月の「ミッドウェイ海戦」のことである。この海戦で日本海軍の主力組織である連合艦隊はアメリカ軍太平洋艦隊に大敗した。この海戦は誠に一瞬の出来事で勝敗を決定した。

日本海軍が世界に誇る巨大艦隊組織はなぜこの海戦に敗れたのか、歴史を紐解くとその「勝敗」の本質が見えてくる。

筆者は、ミッドウェイ海戦の勝敗の本質を次の三点に絞りこれらを論点とした。

一、日本軍連合艦隊第一機動部隊の「合戦観」について
二、空母の運用破綻について
三、アメリカ軍第十六任務部隊の初弾先制奇襲魂について

また、以上の内容にとどまることなく、本書においては「ミッドウェイ海戦」のビッグポイントについて忠実に記述して読者の探求心に応えることとした。

なお、本書においては、日本海軍並びにアメリカ海軍指揮官達の戦場での指揮統率並びに究

極の場面での判断の実態をとり入れることにより、客観性のある戦史として、また「地道にこの海戦を振り返る」内容となる著述に努めた。

戦闘については、日本軍戦士達は帝国海軍の伝統と勇猛であるべき宿命を背負い生きたという生命への執着と訣別し散華した。またアメリカ軍雷撃隊TBD（デヴァステイター）機搭乗員達が、燃料欠乏未帰還を覚悟して出撃する飛行甲板に滲ませたこの世との別れの涙を、私事実兄の突撃と共有しその悲しみを測り知ることができた。

あの日のミッドウェイの海は殺戮の炎と油で爛れ、日・米の戦士達の悲しみを波間に呑み込んだ。殺戮を超越する罪の代名詞は存在しない。

改めて、この歴史の中に「戦争は、最も卑しい罪科である」と断じた文豪「レフ・ニコラエヴィチ・トルストイ」の言葉を想い出すのである。以上のことをどうしても伝えたい。筆者が六歳の時、その出生の前年に十九歳でソロモン諸島の敵陣に愛機とともに自爆散華した亡き兄の墓標に一束の山吹の花を捧げてから、七十年の時は幸いにも平凡にすぎた。今改めて先人への畏敬の思いがこの戦禍に散った戦士達に届けよとばかりに、そして兄とのほのかな約束として著述した。

今日、忍び寄る戦争の嵐によってこの静寂が破られることのなきよう、国家の命運を握る日本人の一人として先の大戦の歴史を知り、これを「平和なる明日への過去」としなければならない、と信じる。

凡例

一　日時は序から珊瑚海海戦については日本中央標準時を、ミッドウェイ海戦以降は、ミッドウェイ地方標準時を使用した。

二　長さの単位は、キロメートルを「キロ」、センチメートルを「センチ」とした。

三　海上の距離である「浬」を「マイル」、艦艇等の速度である「節」を「ノット」とした。また、一マイルを一八五二メートルとした。

四　固有名詞で当時の漢字を使用した場合の読解について「ふりがな」を付した。

五　MIミッドウェイ・AIアリューシャン両作戦があるが、本書は、主としてミッドウェイ作戦について記述した。

六　ミッドウェイ地方時の算出は、日本中央標準時から一日を減じ、三時間を加えたものである。

一、戦争への道（真珠湾奇襲作戦）

戦争への道を歩み出した日本軍はアメリカ合衆国海軍太平洋艦隊の本拠地であるハワイ真珠湾（パールハーバー）を攻撃した。攻撃は「奇襲」の完成形であった。しかし、真珠湾に停泊していたのは艦速二十ノット以下の旧式の艦船と戦艦群であった。

この奇襲はアメリカ合衆国にとっては騙し討ちであり、彼等国民は強烈な衝撃を受け、そしてまた報復という戦いのエネルギーの発意としたのである。

真珠湾奇襲作戦は、十二月一日の御前会議で裁可された。

アメリカ軍太平洋艦隊空母群はどこにいるのか。日本軍六隻の空母から飛び立った三五四機の攻撃機の搭乗員達は、何となく想定されたこの先の戦いに不安を抱いた。日本軍が今攻撃しているのは真珠湾軍港に係留されている古い型の戦艦や巡洋艦群である。ウィリアム・ハルゼー海軍中将（以下ハルゼー海軍中将・後元帥）率いるアメリカ太平洋艦隊空母「エンタープライズ」は、十一月二十八日通常の訓練を装って出港し、ハワイ南西海上で訓練を行っていた。また空母「レキシントン」もミッドウェイ島に飛行機を搬送するため奇襲の前日に出港していた。空母「エンタープライズ」の真珠湾入港予定は当初十二月八日（ハワイ時間十二月七

零式艦上戦闘機

九九式艦上爆撃機

九七式艦上攻撃機

日本軍艦載機（空母）

出典：防衛研修所『戦史叢書43巻　ミッドウェー海戦』

日本軍主力空母

出典：防衛研修所『戦史叢書43巻　ミッドウェー海戦』

翔鶴

瑞鶴

日）午前中であったが、帰投経路の天候不良のため十二月八日（ハワイ時間十二月七日）午後となった。アメリカ軍太平洋艦隊の両空母は日本軍の奇襲を逃れた。

空母「エンタープライズ」に搭載されていたのは、F4F（ワイルドキャット）艦上戦闘機（以下F4F艦上戦闘機）三十機、SBD（ドーントレス）急降下爆撃機（以下SBD急降下爆撃機）三十六機及びTBD（デヴァステイター）雷撃機（以下TBD雷撃機）十八機の計八十四機、空母「レキシントン」に搭載されていたのは、F4F艦上戦闘機二十二機、SBD急降下爆撃機三十八機及びTBD雷撃機十三機の七十三機、合計一五七機である。

一方日本軍六隻の大型空母は「赤城」「加賀」「飛龍」「蒼龍」「翔鶴」「瑞鶴」の第一次攻撃隊、零式艦上戦闘機（以下零戦）四十三機、九九式艦上爆撃機（以下九九艦爆）五十一機、九七式艦上攻撃機（以下九七艦攻）八十九機、計一八三機が、さらに第二次攻撃隊、零戦三十六機、九九艦爆八十一機、九七艦攻五十四機、計一七一機である。

アメリカ軍空母「エンタープライズ」「レキシントン」が、この時空母六隻を擁する日本軍奇襲部隊との遭遇を回避できたことは、この戦争の未来を占う上で誠に幸運であった。

二、報復（ドーリットル東京空襲）

日本軍による真珠湾奇襲攻撃は三七〇〇名の死傷者、戦艦四隻を含む艦艇十八隻、航空機三〇〇機そして油槽を除く地上施設への損害をアメリカ合衆国に与えたのである。アメリカ合衆国にとって戦時法制（開戦に関する条約）を犯した日本人による「奇襲」攻撃に対する報復は必至であった。

アメリカ軍は反撃行動について国民の強い不満を受け止めるだけの軍事行動が必要であった。ワシントンの合衆国艦隊司令長官兼海軍作戦部長アーネスト・ジョゼフ・キング海軍大将（後元帥）と太平洋艦隊司令長官チェスター・ウィリアム・ニミッツ海軍大将（後元帥）は合衆国世論の動向に反応した。

報復作戦は、アメリカ海軍第十六任務部隊及び陸軍中佐ドーリットル率いる陸軍爆撃機隊による日本本土奇襲攻撃、「ドーリットル東京空襲」である。

作戦の概要は、陸軍爆撃機B－25十六機を最大空母「ホーネット」（「ホーネット」はハルゼー海軍中将指揮下の第十六任務部隊所属、日本国本土空襲任務）から発進させて東京、川崎市、横須賀市、名古屋市、神戸市、三重県、栃木県、新潟県を奇襲爆撃するものである。四月十三日「ホーネット」と「エンタープライズ」は、機密下ミッドウェイ環礁北方にて会合し、「ターゲット東京」を発動した。

しかし、この作戦には様々な問題があった。

その問題とは次の三点である。

第一に、B−25爆撃機は空母「ホーネット」から発艦できるのか。

第二に、この艦隊は日本国本土の東方海上の六〇〇マイルから七〇〇マイルにある哨戒域に配置された日本軍哨戒艇に発見されずに本土沿岸五〇〇マイルに近接して発艦できるか。

第三に、爆撃機搭乗員八十名の生存率は。

ハルゼー海軍中将は二月一日に、実験的に空母「ホーネット」からB−25爆撃機を発艦させて成功した経験を持っていた。

第一のB−25爆撃機の空母からの発艦である。ドーリットル陸軍中佐は空母「ホーネット」の最低速力を三十ノットを条件とし、これに焼夷弾と燃料の搭載量の調整、燃料優先とした。そして飛行甲板四六七フィート（一四二メートル）、これについては、ドーリットルは幸運を祈るだけとも述べた。一番機であるドーリットル隊長機の幸運が二番機の成功に、そして後続の爆撃機に幸運がもたらされるのである。

第二の日本国本土沿岸五〇〇マイル以内への侵入と発艦については、潜水艦または駆逐艦による哨戒艇の撃破とする。

第三の搭乗員八十名の生存率。運が左右する。まず燃料を携行缶十本分増槽し、日本軍戦闘機の迎撃を躱すことによって、また東京をはじめ焼夷弾投下後いかに速やかに日本国本土上空を離脱できるかがB－25搭乗員八十名（十六機にそれぞれ正規将校三名、下士官二名）の生死にかかっているのである。

ところがハルゼー海軍中将にとって最重要で危険なことが彼の脳裡にあった。その危険なこととは、日本軍連合艦隊空母群の所在位置が不明なことである。今我々が日本近海に近接していることがあの巨大艦隊の手中に誘引されているのではないかといった不安が脳裡をよぎっていた。

そんな中でドーリットル陸軍中佐は搭乗員の士官、下士官をブリーフィングルームに集合させて注意事項、判断および決意について確認させた。ドーリットル陸軍中佐は、パイロットの一人から飛行機のエンジンの故障やその他飛行機に緊急事態が起こった場合の処置についての質問を受けて、具体的に何をすべきかは各人が機長の指示に従うとした上で、もしわたしの搭乗機が戦闘不能となったならば、まず他の搭乗員たちを脱出させ、そのあとスロットルを全開にして急降下、目標に突っ込むと答えた。激突によって最大の損害を日本国本土に与えるとも答えた。最後に彼はこの危険な作戦飛行から各人が離脱するチャンスを部下たちに与えた。しかし、その申し出は一件もなかった。

日本国本土の哨戒監視（連合艦隊の動静）

連合艦隊低速戦艦を基幹とする主力部隊は内海西部にあった。南方作戦に従事した快速、空母部隊は南方進攻作戦を終結、内地に向けて帰投中であった。太平洋南東方面のニューギニア、ポートモレスビー攻略作戦は準備中であった。

基地航空部隊は我が国本土東方に作戦主体を展開する準備中であった。

連合艦隊は、我が本土東方海域が大きく開いており、その警戒任務は北方部隊としていた。しかし、その北方部隊には索敵に必要な航空兵力は配属されておらず、哨戒は漁船を武装した特設監視艇約八十隻が三直哨戒で本土から約七〇〇マイル東方に哨戒線を展開していた。加えて本土にある基地航空部隊が木更津及び南鳥島から哨戒を行い、状況により横須賀鎮守府航空部隊に配属された航空機による飛行哨戒が行われることになっていた。

アメリカ陸軍ドーリットル機発進

四月十八日午前三時、アメリカ軍第十六任務部隊が日本国本土から七〇〇マイルに到達したとき、「エンタープライズ」のレーダーが左艦首方向一万二〇〇〇ヤード（十一キロ）に船舶二隻を探知した。ハルゼー海軍中将はこれを哨戒船舶とみなして距離を置いて敵からの探知回避を命じた。太陽が昇って明るくなった頃、「エンタープライズ」は三機の偵察機を発進させて西方前方を探査した。すると偵察機が西方進行方向四十二マイルにもう一隻の哨戒艇の存在を報告した。ハルゼー海軍中将は部隊を変針させ探知回避をさせた後、改めて西方に針路をもどした。空母「ホーネット」は西方に突進している。ハルゼーは一マイルでも西方に進撃して爆撃機を発艦させるよう最大の努力を重ねた。一時間が過ぎた頃、「ホーネット」の電信が「ホーネット」の近くで発信された日本軍の電報を傍受した。また「ホーネット」の見張員が日本軍の哨戒艇二隻を視認した。空母「エンタープライズ」に座乗するハルゼー海軍中将は日本軍の哨戒線内に突入したことを冷静に確認した。明らかにアメリカ軍空母群の存在は日本海軍に報告されていた。それでもアメリカ軍第

ホーネット（CV-8）

十六任務部隊はまだ西進していた。

やがて東京からのラジオ放送も聞こえてきた。それから急遽、暗号メッセージが日本軍海上部隊を宛先にしていることが判明した。その宛先符号は連合艦隊第一機動部隊（空母部隊）であった。

日本軍が東京から直接連合艦隊空母部隊を呼び出して交信していることからみれば、日本軍空母部隊はもはやインド洋にはいないばかりか日本国本土に近い海上に帰還しているのか。ハルゼー海軍中将率いる第十六任務部隊は罠の中に誘い込まれているのではないか。不安がよぎった。彼は、ドーリットル飛行機隊の発進を待てなかった。そして、彼は、「ホーネット」艦長ミッチャー海軍大佐（後海軍大将）に緊急指令を発出した。

「爆撃機を発進させよ！」

丁度そのタイミングで艦橋にいたドーリットル陸軍中佐はミッチャー海軍大佐と固い握手を交わし、「さあ行くぞ！」と叫ぶと飛行甲板に向かった。

「ホーネット」の警笛が「ヴォー」と一声——大きく吠えた。

「陸軍機発進急げ！」という命令がラウドスピーカーから力強く艦内に流れた。

ドーリットル陸軍中佐をはじめ爆撃機搭乗員達にとって空母からの発進の気象条件は非常に厳しかった。強風が吹き荒れ十メートル近くの波高は荒天発艦となった。高波は艦首を叩き飛行甲板と発艦準備中の作業員をも洗い流さんばかりである。

陸軍搭乗員たちは奇襲攻撃により警戒厳重な真っ昼間の東京を爆撃し、その後暗夜の中を自分自身で企図した飛行経路を航行し、飛行経験のない中国領土の上空に到達しなければならない。

空母「ホーネット」は、日本国本土東北沿岸から六二〇マイルのところにいる。これは東京を経由して中国領土の奥深くにいる味方中国軍の上空に到達するには、当初計画されていた五〇〇マイルよりさらに一二〇マイル飛行しなければならない。また発艦時、強風は幸いするが超波高は飛行甲板の滑走中の飛行機を外舷から海へ投げ出す危険がある。海軍の空母艦載機の発艦と異なるのは陸軍機は腰高であり、海軍機は腰が低く離艦滑走中の機体の安定度が決定的に違うことである。

命令は発せられた。あとは離艦だ！

発艦の準備で「ホーネット」は増速した。海軍の甲板員が燃料タンクを満タンにし、それぞれのB－25の機内後部にさらに五ガロン入りガソリン缶十缶を搭載した。後部飛行甲板上に十六機のB－25機が発艦準備を終えて整列した。一番機は最前列にいるドーリットル陸軍中佐の搭乗機である。先頭にいる彼の搭乗機は最も短い飛行甲板「四六七フィート（一四二メートル）」の滑走距離で真っ先に発艦しなければならない。彼の発艦が成功すれば後続機も発艦できる。ドーリットル陸軍中佐のハートとスキルレベルが今問われているのである。

飛行甲板上準備完了を意味するオルジスシグナルが艦橋から機上のドーリットル陸軍中佐に

発せられた。
シグナルでドーリットル陸軍中佐はエンジンを始動し、ゆるやかにしかし素早くスロットルレバーをエンジン全開の位置に滑らせた。彼はエンジン始動良好と合わせて甲板員に「サムアップ」でエンジン出力良好を伝えた。エンジンが咆哮して巨大なプロペラが回りだした。甲板員がチョーク（車輪止め）を引き抜いた。

一九四二年四月十八日八時十五分、空母「ホーネット」が風上に艦首を向けエンジンを全開にする轟音とその機体が振動する中、ドーリットル中佐はパーキングブレーキを外した。搭乗機は、艦首からの風を真っ向に受けて動き出した。空母「ホーネット」の乗組員は一人残らず固唾（かたず）をのんで見守った。「ホーネット」の艦首は風波を砕くと同時に風波に砕かれんばかりに上下に揺れていた。「ホーネット」の艦首が白い波頭を切り開いたとき、彼の搭乗機は若干の滑走甲板を残して空中にはね上げられるように飛び上がった。機は強風に振られてはいたが、彼は上昇向かい風をとらえ一回だけ空母上空を旋回してそのまま東京に向かった。

二番機は、ドーリットル機発進の五分後に発艦した。残りの爆撃機も一機ずつ強風と高波に煽（あお）られながらも空中に飛び立っていった。

最後の爆撃機は一番機が飛び立った一時間後の九時十六分に離艦した。そして各機は燃料を節約するため、編隊編成の時間を浪費することなく機首を西に向け日本国本土へ進路をとった。

ドーリットル爆撃隊の飛行機全機が西の空に消えた時、ハルゼー海軍中将は、間髪を容れず空母「ホーネット」及び空母「エンタープライズ」、そして護衛の巡洋艦に対して一斉右回頭、全速力で東方に向かうよう命令した。

「東京奇襲の矢は放たれた」

アメリカ軍爆撃隊による日本国本土奇襲爆撃の当日六時三十分、哨戒線の特設監視艇は、アメリカ軍空母、巡洋艦部隊の発見を報告した（当該監視艇は報告後撃沈）。

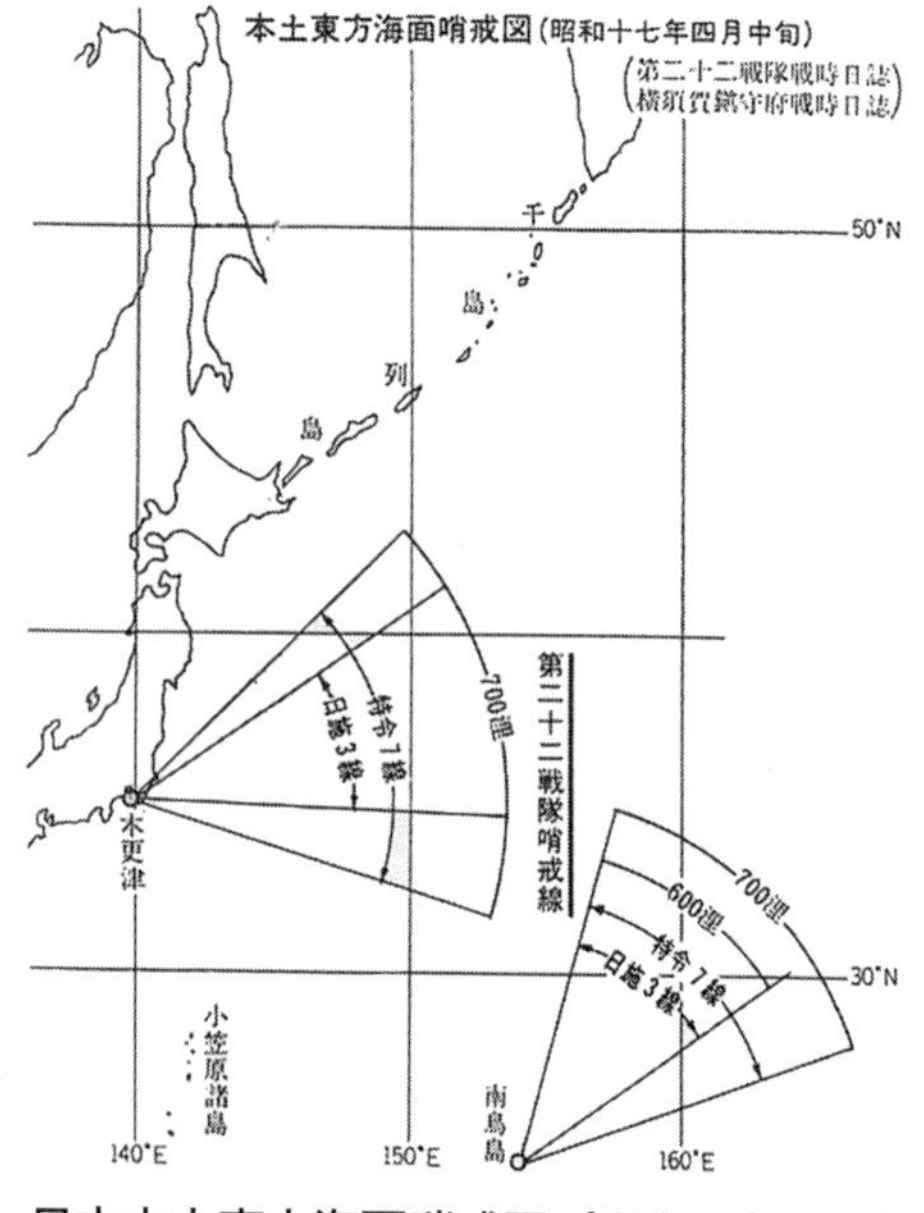

日本本土東方海面哨戒図（昭和17年４月）

出典：防衛研修所『戦史叢書43巻　ミッドウェー海戦』

日本軍は、監視艇が空母群を発見した位置が日本本土沿岸から六〇〇マイル以上であり、本土に到達するのは翌朝と判断していた。

日本軍は、アメリカ軍空母機の攻撃可能距離は二五〇マイル以内と考えていた（二五〇マイル以内の索定は、爆撃は陸軍機B－25型を、しかも空母から発進させるかもしれないという発想がなかったためである。従ってSBDドーントレス急降下爆撃機が空母から発進して本土を爆撃して空母に帰還することが想定の範囲内であったと思われる)。

この報告を受けた連合艦隊は、「対米艦隊作戦」を発令し、南洋方面に向け進攻中の潜水艦に索敵攻撃を命じ、南方作戦(あ号作戦)を終えて馬公(台湾)南方を北上中の機動部隊(空母五隻基幹)に対してもこのアメリカ軍空母群部隊の攻撃に向かうように命じた。

また内地部隊にも直ちに厳戒を命じ、海軍部は各鎮守部隊の戦闘機を横須賀に集結させて警戒体勢を最高レベルに引き上げた。

この事態について、山本連合艦隊司令長官(以下、山本長官)は、日本軍がハワイ真珠湾奇襲攻撃を行って以降、「我々が真珠湾を奇襲できた事は、彼等アメリカ軍による同様の奇襲もあり得る」とこの事態を想定しており、特に哨戒、監視の増強に意を注いでいた。山本長官はアメリカ軍の奇襲による本土爆撃を予期しこれに備えていた。

ところが日本軍海軍部の予想に反して四月十八日、十二時十五分にB−25ドーリットル爆撃隊が関東地方に来襲した。この予想だにしていなかったB−25の来襲は海軍部の作戦能力が問われたのである、日本軍の哨戒艇の配置とその敵発見並びに報告は見事であり、的を射ていた。しかし、到底理解不可能な錯誤が生じたことによる致命的な判断ミスが発生した。

この錯誤の根底は推察に要する算定諸元にある。なぜか四月十九日午前以前にはB−25の来襲は不可能とした作戦計画が承認された。日本軍は、予想された翌朝の敵機の来襲に備えるために準備等対処中であり、来襲したB−25を一機も撃墜できなかったばかりか東京上空の訓練飛行中のわずかばかりの零戦も素早く飛行するアメリカ軍B－25爆撃機に追いつくことができなかった。日本軍とりわけ山本長官にとって爆撃機による焼夷弾の投下は物理的な損害はかくも重大でなかったが、神聖なる天皇の国土に対する冒瀆を許してしまったことによる精神的な衝撃を受け、また日本国民にとってもこの空襲は一大衝撃であった。特に宮城内においては大本営軍令部の混迷が著しかった。

海軍部は、この攻撃を受けた直後そして翌日の敵機来襲迎撃に待機していたのである。またインド洋から到着していた空母部隊の戦闘機九十機及び爆撃機一一九機に出撃を下令し、同時に重巡洋艦六隻、駆逐艦十隻並びに潜水艦部隊の出撃を命じた。しかし、既述のとおりハルゼー海軍中将率いる空母「エンタープライズ」を旗艦とする空母機動部隊は、日本国北東沿岸から六二〇マイル東方でB－25爆撃機十六機を発進させ、速やかに反転して全速力で東方に向かっていた。日本軍攻撃隊も直ちに出撃したが、敵空母部隊に届かなかった。届くはずもなかった。

ドーリットル爆撃隊は焼夷弾を投下して妨害を受けることもなく日本国本土上空を離脱した。一爆撃機は底をつきはじめた残燃料を確認すると中国大陸までたどり着くことが困難と判断してか、変針し中立国ロシアの「ウラジオストック」に向かい到着した。搭乗員は抑留された。他の爆撃機は東支那海を西行するが、陸岸に届く前に夕闇に包まれ航法能力の限界と燃料が欠乏し不時着した。五名の搭乗員の内二名が海中に没した。残りの爆撃機は陸地に届き不時着した。ドーリットル陸軍中佐機は中国陸地に不時着した。彼は、無事だった一人であったが部下一人が死亡した。そのほかの搭乗員たちも重傷を負った。中国に不時着した搭乗員のほとんどが味方中国人に支援を受けた。その内の搭乗員八人は日本軍に捕虜にされ、簡易な裁判で極刑を宣告された。また一人が栄養失調で死亡した。残り四人は独房監禁となったが戦争終結で解放され自由をとりもどした。

日本軍、とりわけ山本長官の、ドーリットル爆撃隊の来襲日時見積算定に関する部下の戦略的過誤への失望と激怒は想像に絶するところである。しかし日本軍全体の中には、その後においても戦局の一部分にとらわれて「真珠湾奇襲」の成果のみが誇張され「木を見て森を見ず」に陥っていた。真珠湾奇襲においてアメリカ軍航空母艦の動静把握ができず敵空母を撃ち逃したことへの強い反省もなく訳もわからない祝賀気分を謳歌していた。そんな中でのドーリットル東京空襲の成否はビル・ハルゼー海軍中将の厳しい決断にかかっていた。ハルゼー中将はほぼ確実に飛行可能距離が得られない中で日本国本土到達距離手前六二〇マイルで敵哨戒艇に発見された。また日本軍空母艦隊の存在位置の不明確とその危険性の中で発進を六二〇マイルを限界としてドーリットル部隊の発進を決断した。燃料欠乏による犠牲者を見込まざるを得ない中での決断であった。そしてドーリットル陸軍中佐もこれに応えた。

一方日本軍の判断は、アメリカ軍の日本国本土爆撃は四月十九日午前以前はあり得ないと結論づけた。アメリカ軍は東京までの飛行距離五〇〇マイル東方を発進予定地点としていたが、日本軍哨戒艇に発見されたため苦渋の決断やむなく六二〇マイルでの発進を余儀なくされた。

指揮官ハルゼー海軍中将はドーリットル隊による東京空襲を成功させるにはB－25爆撃機十六機を速やかに発艦させることが必須であり、爆撃機の燃料欠乏の問題点の解決はガソリン缶による増槽措置に委ねた。ハルゼー海軍中将の即断は正しかった。ハルゼー海軍中将が危惧したようにアメリカ海軍の最強敵である日本軍連合艦隊空母群は日本近海に到達しつつあった。アメリカ軍にとって最悪の結果は彼自身が直率している「エンタープライズ」、「ホーネット」これらの二空母を危険に晒し、沈没または損傷を受けることであり、速やかな判断と行動を最優先した。また彼の予測は的中、ドーリットル発艦後の俊敏な退避は日本軍機動部隊の追撃を許さなかった。そして日本軍はドーリットル爆撃隊の東京来襲日時を自ら誤決定した不運により敵の戦略的目的の達成を許してしまった。しかも七〇〇マイル沖でほぼ丸腰に近い特設艦艇および哨戒艇は多くの損害を出した。

山本長官は、神聖な天皇に降りかかった危険と神聖不可侵の日本国本土への爆撃を許した侮辱により恥を感じ激怒した。

この空襲を受けて山本長官は、空襲成功によるアメリカ合衆国国民の士気の高揚を重視し再度の奇襲を許さざるためにも、またアメリカ国民の意識沮喪を図らんがためにも、ミッドウェイ作戦を急ぎ敵空母を撃滅すべきと断じた。またミッドウェイ侵攻に対する山本長官へのすべての反対は雲散霧消し、この侵攻作戦は急ぎ六月初めに計画されたのである。

三、ミッドウェイ海戦への道

アメリカ合衆国海軍の戦略思想は、マハン海軍戦略思想の影響を強く受け、太平洋における貿易や戦争遂行に必要な国家資源を管理するための海上権力（シーパワー）を持つ必要性の堅持は絶対であった。一方、日本国にとって貿易輸送シーレーンの南洋航路の安全の確保は、至上の課題であった。

また、連合艦隊司令長官山本五十六大将は、日本軍が真珠湾を奇襲攻撃して以降、アメリカ軍による中部太平洋地域に点在する日本国統治下のマーシャル諸島等に対する襲撃に懸念を抱いていた。加えて四月十八日には、アメリカ軍陸軍爆撃機によって東京をはじめとする主要都市等への爆撃を受け、ダメージを喫していた。山本長官は、特に東京空襲は彼の予測範囲の襲撃であったが、これの再来に対する防衛は急を要した。このことによりアメリカ海軍を誘出撃滅の方策を成功させて太平洋の制海情勢を有利に導くこととした。

逃した空母撃沈（珊瑚海海戦）

日本国大本営は、陸、海軍に対してソロモン諸島南端のツラギ及びニューギニア半島東南部ポートモレスビー攻略占領を命じた。

作戦は、日本陸軍及び海軍が協同してニューギニア島東部を攻略し、その後オーストラリアをアメリカから離隔（りかく）させる。アメリカ合衆国とオーストラリア分断作戦の一環としてニューギニア南東部沿岸のポートモレスビーを奇襲攻略することを決定した（ＭＯ作戦）。この作戦における海軍の主任務は陸軍歩兵部隊と海軍陸戦隊を輸送する船舶の護衛である。日本軍空母部隊は「祥鳳」（第四航空戦隊）、「翔鶴」、「瑞鶴」（第五航空戦隊）である。一方連合国軍（アメリカ・オーストラリア）は米豪経済経路の確保、そして日本軍の南太平洋進出を阻止するため、急速にアメリカ陸海軍の兵力増強を図っていた。その状況下でアメリカ海軍は日本海軍の暗号の一部の解読に成功し、日本軍が、軽空母「祥鳳」及び大型空母「翔鶴」と「瑞鶴」に直掩された輸送船団がポートモレスビーへの上陸作戦を敢行しようとしていることを知ったのである。その航行経路は珊瑚海であった。これを受けてアメリカ陸海軍は空母「レキシントン」（第十一任務部隊）及び「ヨークタウン」（第十七任務部隊）を珊瑚海に派遣して上陸作戦阻止を図った。

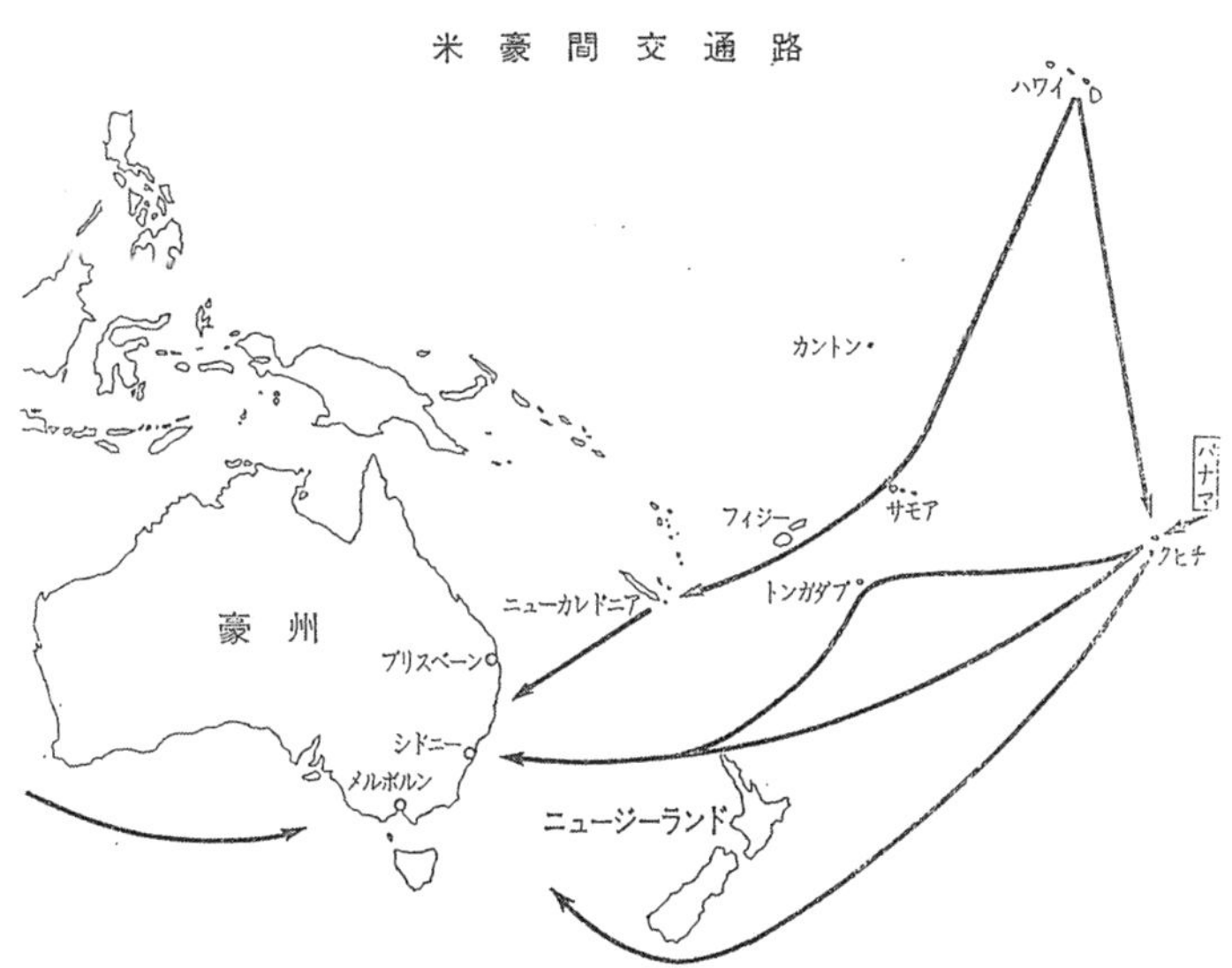

出典：防衛研修所『戦史叢書43巻　ミッドウェー海戦』

珊瑚海において一九四二年五月五日、空母「ヨークタウン」は空母「レキシントン」に合流した。さらに給油を油槽艦「ネオショー」から受けて、アメリカ陸軍偵察機の日本軍機動部隊出現の情報に呼応、攻撃体制を整えた。日本軍は、アメリカ軍の攻撃兵力の把握につとめていた。五月七日午前四時、空母「翔鶴」と「瑞鶴」から各六機の偵察機十二機が発進、午前五時三十分「翔鶴」偵察機がアメリカ軍空母一隻、重巡洋艦発見を報告。六時十五分空母「瑞鶴」から攻撃機三十七機（零戦九機、九九艦爆十七機、九七艦攻十一機）、空母「翔鶴」から四十一機（零戦九機、九九艦爆十九機、九七艦攻十三機）の攻撃機合計七十八機が発進した。しかし空母「翔鶴」から発進した偵察機の艦型の間違えによる誤報、実際にいたのは空母ではなく油槽艦「ネオショー」であった。日本軍空母機七十八機は、幻のアメリカ軍任務部隊を求めて捜索を続けた。午前八時「翔鶴」から発進した偵察機は自分が報告した敵空母はその正体が油槽艦であると気付きその旨を報告した。日本軍は攻撃隊に帰投命令を出して、午前九時三十分、雷撃隊はそのまま帰路につき、九九艦爆三十六機で急降下爆撃を行った。この攻撃で駆逐艦「シムス」を撃沈し、油槽艦「ネオショー」は、二五〇キロ爆弾八発が直撃被弾、航行不能となり味方駆逐艦により魚雷撃沈処分された。

午前七時三十五分、空母「ヨークタウン」の索敵機が日本軍「空母二隻、重巡洋艦四隻発見」と報告、空母「レキシントン」から五十機（F４F戦闘機十機、SBD急降下爆撃機二十八機、TBD雷撃機十二機）、空母「ヨークタウン」から四十二機（F４F八機、SBD

二十四機、TBD十機）合計九十二機が出撃発進して日本軍機動部隊に向かった。空母「レキシントン」に残っていた航空兵力は、F4F戦闘機八機、SBD爆撃機十機のみ、また空母「ヨークタウン」にはこのときF4F戦闘機九機、SBD爆撃機一機及びTBD雷撃機二機のみの兵力が残存していた。ところがオーストラリアから飛来したB－17爆撃機二機がニューギニア山地爆撃の帰路空母一隻、輸送船十隻、その他艦艇十六隻の発見をし報告してきた。直後、空母「ヨークタウン」から発進した索敵機が帰還し、午前七時三十五分に自ら報告した「空母二隻、重巡洋艦四隻」発見は「巡洋艦二隻、駆逐艦四隻」の誤報であることを報告した。フレッチャー海軍少将は、オーストラリア軍B－17爆撃機が発見報告した日本軍「ポートモレスビー攻略部隊」の攻撃に転向した。アメリカ軍空母「レキシントン」攻撃隊は日本軍の攻略部隊を発見、攻撃したが至近弾のみで命中はなかった。午前九時すぎ、日本軍「ポートモレスビー攻略部隊」直衛の空母「祥鳳」（一万三〇〇〇ト

祥鳳

ン）はアメリカ軍空母「レキシントン」雷撃隊（ＴＢＤ二十機）、空母「ヨークタウン」攻撃隊（ＳＢＤ二十四機）の雷爆同時攻撃を受け、この小型空母に爆弾十三発、魚雷七本が命中、午前九時三十一分に沈没した。因みに空母「祥鳳」の護衛戦闘機は午前九時十七分に自らが発進させた零戦三機のみであった。

五月八日、日本軍とアメリカ軍は共に索敵重視により敵機動部隊を発見、それの撃滅を期した。

日本軍機動部隊は、午前四時二十分、空母「瑞鶴」から三機、空母「翔鶴」から四機、それぞれ九七艦攻をもって偵察に当たらせた。午前六時二十二分、日本軍「翔鶴」索敵機はアメリカ軍機動部隊を発見、そしてその同時刻にアメリカ軍空母「レキシントン」索敵機が日本軍機動部隊を発見、それぞれの偵察機は直ちに双方が近接位置にあることを報告した。ここでフレッチャー海軍少将は前回の誤報告による危機を招いた事実に鑑み、当該情報の信憑性を求めるために第二報の詳報を確認した後、攻撃隊の発進を命じた（この偵察情報再確認行為は後のミッドウェイ海戦での作戦に生かされた）。六時四十八分、空母「ヨークタウン」から三十九機（Ｆ４Ｆ戦闘機六機、ＳＢＤ急降下爆撃機二十四機、ＴＢＤ雷撃機九機）、空母「レキシントン」から四十三機（Ｆ４Ｆ戦闘機九機、ＳＢＤ急降下爆撃機二十二機、ＴＢＤ雷撃機十二機）、合計八十二機の攻撃隊が発進した。

午前七時三十分、空母「瑞鶴」から嶋崎海軍少佐率いる零戦九機、九九艦爆十四機、九七艦攻八機、計三十一機、空母「翔鶴」から高橋赫一海軍少佐率いる零戦九機、九九艦爆十九機、九七艦攻十機、計三十八機、日本軍両空母合計六十九機（零戦十八機、艦爆三十三機、艦攻十八機）が近くにいるアメリカ軍空母を求めて進撃した。空母「ヨークタウン」攻撃隊は途中で日本軍機動部隊攻撃隊機と遭遇したが、お互いを意識しながら無関心を装い、それぞれ敵空母を撃沈するために双方の進路をかわした（※本敵対行動、これぞ空母対空母戦・敵空母を撃沈することにより敵戦力の基軸は消滅するの理）。空母「ヨークタウン」攻撃隊は「瑞鶴」と「翔鶴」を発見、急降下爆撃隊十七機は戦闘隊形を組むために突入を準備していたが「瑞鶴」はスコールの下に入った。「翔鶴」は独自単独行動を余儀なくされ日本軍機動部隊の陣形は混乱した。「ヨークタウン」攻撃隊はスコールに隠れた「瑞鶴」を目標放棄して「翔鶴」を標的とした。アメリカ軍爆撃隊十七機は日本軍直掩戦闘機隊零戦の迎撃を躱（かわ）して「翔鶴」に爆撃を行ったが命中しなかった。そして戦場から離脱を図る「ヨークタウン」爆撃隊は、戦闘中に「翔鶴」から発艦した零戦二機に攻撃され全機が被弾し、一機が不時着に追い込まれた。戦爆入り混じる戦闘の中、「ヨークタウン」ショート大尉（SBD）爆撃機十二機が乱戦を抜け出して、続いてバーチ少佐哨戒爆撃機（SBD）十二機が「翔鶴」に急降下爆撃を行い「ヨークタウン」ショート大尉爆撃機隊は四五〇kg爆弾二発を命中させた。「翔鶴」は、エレベーター（飛行機を飛行甲板に移動させる昇降機）の損壊と飛行甲板の破壊により艦載機の運用が不可能となった。特に艦首左舷に命中した一発は航空ガソリンを誘爆させたため空母全体が黒煙に包まれた。そんな混乱の中「ヨークタウン」のＴＢＤ雷撃隊九機が接近して「翔鶴」に魚雷攻撃突入を図ったが二機の零戦機が迎撃し、雷撃機は魚雷九本を投下して退却した。激しく黒煙をあげる「翔鶴」であったが艦の航行管理は機能していた。天候不良で「ヨークタウン」攻撃機隊から四十五分遅れて戦場に到着した「レキシントン」から発進したオールト中佐率いるＳＢＤ急降下爆撃隊四機は空母「翔鶴」を急襲し「翔鶴」艦橋後方信号マストに四五〇kg爆弾一発を命中させた。しかし、これを護衛したＦ４Ｆ四機中二機、ＳＢＤ四機中二機は零戦により撃墜された。「翔鶴」は攻撃機の発着艦が完全に不能となった。敵空母「ヨークタウン」の攻撃を終えて帰還した「翔鶴」の艦載機は無傷の「瑞鶴」に着艦した。戦闘力を失った「翔鶴」は、重巡洋艦「加古」、「古鷹」等に護衛されて午後四時には戦場を離脱した。

午前九時十五分、日本軍「翔鶴」九九艦爆機隊十九機が「レキシントン」を攻撃した。加えて「瑞鶴」九九艦爆機隊十四機が「ヨークタウン」を攻撃した。攻撃迎撃乱戦の中、九時十八分から九時三十分の十二分間の空中攻防戦の中で空母「レキシントン」は魚雷二本、二五〇kg爆弾二発の命中を、そして至近弾五発を受けた。「レキシントン」の対空砲台の爆発は撃沈と感じる程の激爆であった。誰もが撃沈と思い視線を切った。しかし、決死の工作隊が浸水を止め火災も隔壁閉鎖充水消火で食い止めた。「レキシントン」は健在であるかと思われたが、被雷によるガソリンタンクのひび割れからの気化ガスに引火、大爆発を起こして消火不能となり消火隊撤収となった。空母「レキシントン」はフレッチャー海軍少将の命令により駆逐艦

レキシントン

レキシントン

「フェルプス」の雷撃で轟沈した。

空母「ヨークタウン」は九七艦攻三機、九九艦爆十四機に襲撃されて二五〇kg爆弾一発の命中であったが、艦首至近距離に自爆機一機、至近弾三発を受けた。これにより船体の接合部が衝撃を受けて分離したため、燃料が漏れ出した。命中した二五〇kg爆弾は飛行甲板を貫通後、鋼鉄装甲の艦内で爆発した。しかし、応急隊の措置により速力二十四ノットでの航行可能となった。燃料漏れは応急修理によりほぼ復旧できたものの油槽艦「ネオショー」の爆発沈没によって洋上給油が不可能となった。空母「ヨークタウン」はトンガ島沖に投錨、英国商船からの給油を行い、本格修理をドックで行うため駆逐艦に護衛されて真珠湾に向かった。

日本軍機動部隊は、空母艦載機の損害も甚大であった。空母「瑞鶴」の作戦可能機は九七艦攻六機、九九艦爆九機であり、九七艦攻を索敵に使用すれば九九艦爆のみが出撃可能だが作戦継続は不可能と判断した。また機動部隊・原忠一海軍少将は、炎上する「翔鶴」と「瑞鶴」の攻撃隊の搭乗員達の疲労を知るや「戦線整理」（実質は攻撃中止）を具申、了承を得て下令した。また、日本軍機動部隊は被弾し避退する空母「翔鶴」の護衛に重巡洋艦「衣笠」、「古鷹」、駆逐艦「潮」、「夕暮」を随伴させて呉に向かわせた。激戦の中アメリカ軍機動部隊とりわけ空母部隊と日本軍機動部隊は、「戦史上初めての空母対空母の直接対決」という戦争（海戦）史に新たな一ページを残した。日本軍機動部隊第五航空戦隊司令官・原忠一少将は、連合艦隊司令部に対して総追撃を放棄して「われ北上す」の意図を発信した。これに対して南洋部隊指揮官・井上成美海軍中将（第四艦隊司令長官）は機動部隊原少将の判断を受け入れ正式に撤退を命じた。

ポートモレスビー攻略作戦を七月三日まで実施することとした連合艦隊司令部は井上成美海軍中将が独断で機動部隊の撤退を下令したと判断して、この撤退を取り消して追撃を厳命した。午後九時、この追撃命令を受けて空母「瑞鶴」は再び南下したが会敵はなかった。

一方アメリカ軍は攻撃隊の誤報により日本軍空母二隻を撃沈したと錯覚した。そして、第十七任務部隊フレッチャー少将は勝利を確信した。しかし、「レキシントン」の攻撃隊が無傷の「瑞鶴」を視認したため予測していない敵正規空母の存在確認のため南太平洋方面部隊に索敵を依頼した。五月九日、フレッチャー海軍少将は戦場を離脱した。

「珊瑚海海戦からミッドウェイ海戦へ」

一九四二年五月八日、日米両軍二隻ずつの正規空母により、世界海戦史史上初めての空母対空母の直接対決の航空戦（攻撃目標を視界外に置く航空戦）が行われた。

日本軍は空母「翔鳳」をポートモレスビー攻略部隊の直衛機とした。五月七日「翔鳳」はアメリカ軍空母機の集中攻撃を受けて沈没した。空母「翔鳳」は気の毒な一面を禁じ得ない。つまり小型空母である当該空母は、艦載機数もさることながらその戦力（零戦九機、九六式艦上戦闘機四機、九七艦攻六機）では迎撃が対抗不可能である。従ってポートモレスビー攻略部隊の護衛も果たせず「翔鳳」自身も「レキシントン」および「ヨークタウン」両空母艦載機の雷爆同時攻撃により撃沈された。ちなみに「翔鳳」にはこの同時攻撃で爆弾十三発、魚雷七本が命中した。

このことは、大本営海軍部及び連合艦隊による作戦指導の中で空母戦力の運用に不安を感じさせる始末であった。しかも、本作戦は連合艦隊がミッドウェイ海戦に向けての図上演習を実施している最中に行われていた。

五月十四日、第五艦空戦隊の損害の報告があり、「瑞鶴」は搭乗員の約四十％を、「翔鶴」は約三十％を失った。五月十七日「翔鶴」は呉に入港し修理期間三カ月を要する旨が判明した。「瑞鶴」は母艦自体に損壊もなかったためミッドウェイ作戦に出撃できるよう指導を受けたがしかし、搭乗員の未補充が参戦を不可能としたのである。

（この点について、アメリカ軍「ヨークタウン」がこの珊瑚海海戦のあと真珠湾で急速修理、搭乗員を空母「サラトガ」から転配置してミッドウェイ海戦に間に合わせて参戦したことに思い至るとき、兵員教育とその養成思想に対する哲学の相違を感じるものである）

四、ミッドウェイ海戦

作戦の決定

太平洋戦争開戦時の日本海軍作戦計画には三段階の作戦構想がある。その第一段階は真珠湾奇襲作戦及びマレー半島東方沖イギリス東洋艦隊との海戦、いわゆるマレー沖海戦である。ミッドウェイ海戦はその第二段階に該当する。対峙するアメリカ海軍太平洋艦隊に対して堅固不敗の態勢を構築するため、真珠湾奇襲で打ち漏らした当該空母部隊の機動の対策としての選択でもあった。

この第一及び第二段階の作戦区分は正式に区分されたものではなかったが、大本営は、日本軍が終局的に戦意に勝り戦争の終末を図る作戦と位置づけていた（大本営は、戦時において必要に応じて設置されるもので、天皇のもとにおかれる最高統帥部のことである）。

開戦第一段階である真珠湾奇襲作戦において、日本軍はアメリカ軍空母を除く戦艦群等を空爆により沈没させており、今後における主戦は空母をいかに撃滅せしむるかに傾注していった。しかも、一九四二年四月十八日にアメリカ軍空母から発進した陸軍中佐ドーリットル率いるB－

25十六機により日本国本土に対する空爆も許してしまった衝撃は、さらに反撃心をあおったのである。またニューギニア戦線ポートモレスビー攻略戦である珊瑚海海戦（既述）においては、海戦史上初の空母対空母の直接対決に勝利したとの評価の中で大本営海軍部の作戦指導は、ミッドウェイ作戦を具体的に確立して実行すべきこととされた。

五、作戦思想

明治四十年、日本国は、米、露、仏三国を想定敵国とした。作戦思想としては日本国の国力からみて強国二国以上を同時に正面として戦いこれに勝利することは不可能である。よって対単一国作戦により速戦短期戦による勝利を原則とした。

一方アメリカ軍はその背景である国力、工業力、軍事力などにおいて、日本軍よりも遥かに勝っていた。従って作戦上の情勢判断としては、アメリカ海軍に対して対等以上の軍備を図ることは困難であるとした。

そこで日本海軍は、守勢戦略により守備を固める一方、局面においては主導権を握り来襲するアメリカ艦隊主力を邀撃、撃滅することにより敵軍の戦意喪失を図ることとした。したがってアメリカ艦隊主力の来攻に先立ち邀撃準備を整え、来攻すれば日本近海において全勢力による艦隊決戦に勝利して撃滅しようとするものであった。

一方アメリカ軍は、戦海域の管理支配を戦略思想の基礎とし、日本軍空母戦隊を求めて攻撃撃滅を期して制空、制海権（空母機による）を獲得しようとしていた。日本軍はアメリカ海軍がドーリットル東京空襲（既述）の類いの奇襲作戦により早期に来攻すると判断していた。さらに日本軍はこの艦隊決戦に勝利し、これを基盤として早期かつ有利な終末を獲得し得るとした。その後国際情勢の変化によって想定敵国（植民地支配の回復による西洋諸国）の増加が挙げられたものの、その主力戦の主役は海軍であることに変わりはなかった。しかし対米作戦となると工業力を基盤とする兵器の急速な進歩（航空機、レーダー等）に軍事的均衡が破られてきていたのである（軍事学＝戦略・戦術理論）。「南洋諸島（ミクロネシア赤道以北、グアム島を除くマリアナ諸島、カロリン諸島、マーシャル諸島、パペルダオブ＝パラオ諸島主島）など一四〇〇の島」が日本国の委任統治領になり、またワシントン会議では米・

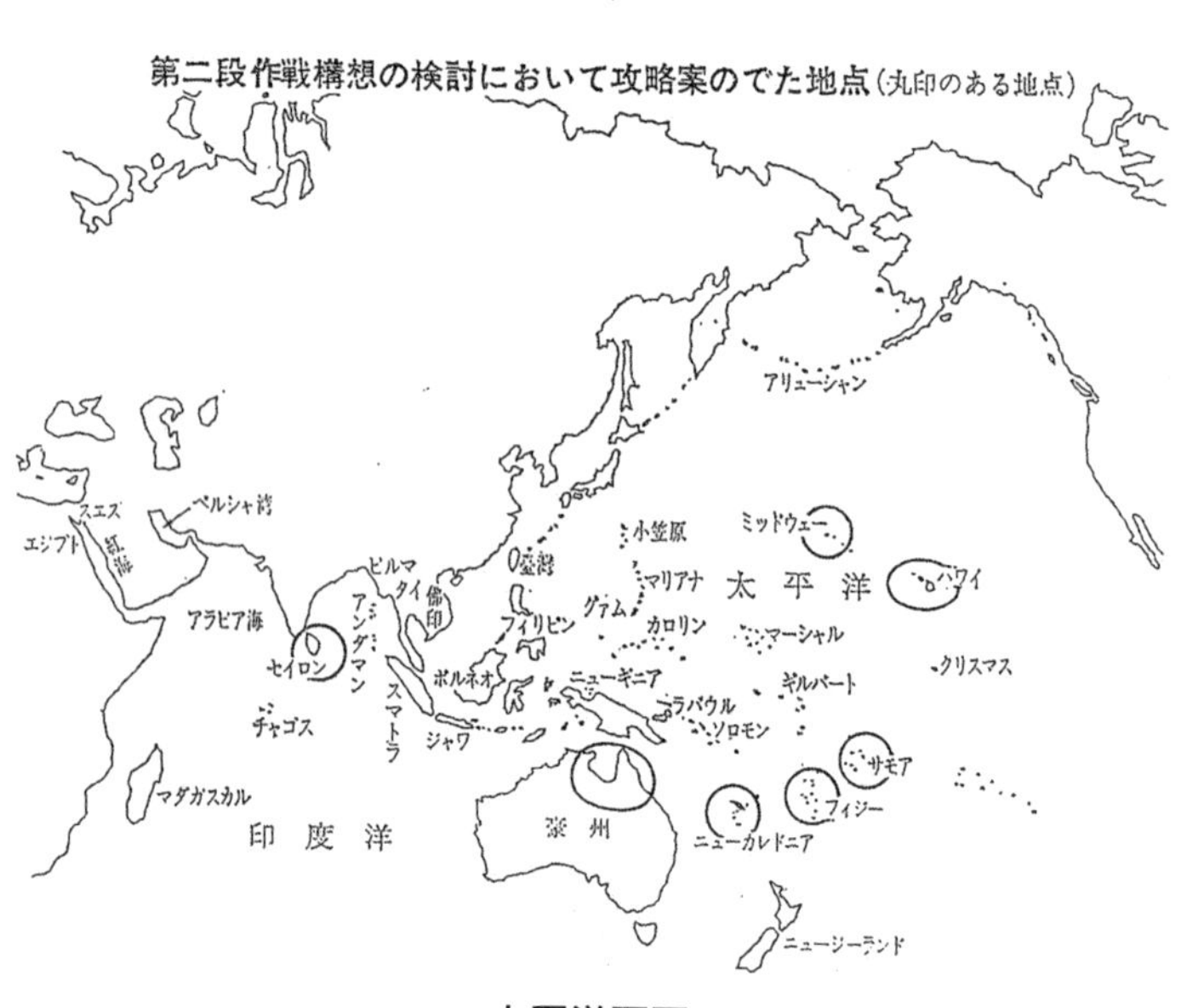

太平洋要図

出典：防衛研修所『戦史叢書43巻　ミッドウェー海戦』

英・日の海軍力の比率（米・英・日＝５：５：３）も決定された。このような戦略態勢の変化にもかかわらず、邀撃艦隊決戦はその勝利を前提として掲げ、またこの勝利が戦争終末に効果をもたらすという海軍部の判断に変わりはなかったのである。著しい飛行機の発達による戦争様相の変化に気づき、大鑑巨砲主義の再検討と航空主兵論を主張する者達（例えば源田實海軍大尉、後大佐）もあったが、大勢を動かすまでは至らなかった。海軍部内には依然として戦略思想の改革によって生じる組織改変の犠牲を嫌う者達がおり、その壁を破れなかった。

六、情勢の変化「米英戦力可分論」

対一国に対する短期戦勝利を図る方針であった日本国軍事事情は、日本国が国際連盟を脱退したことによる国際的孤立のため、対数カ国作戦を余儀なくされることとなった。即ち日本国海軍が長年準備してきた対単数国短期決戦とは相反する戦争形態となってきたのである。しかも、その敵国とは米英国がその中核であった。そして米国は石油産油国として、輸出制限を含む経済的対日圧力をかけることとなった。日本国はとりわけ石油確保のために、自らの地場である極東地域の政治経済の安定と欧米による植民地支配を排除することにより米国からの圧迫に対抗しようとした。日本国にとって「南方資源要域の攻略と保全」は至上の命題であった。この南方資源要域の攻略確保は、開戦劈頭のハワイ真珠湾奇襲作戦として成功した。この奇襲により南方資源要域に対するアメリカ軍太平洋艦隊主力の来攻を排除する必要があった。

南方資源要域は欧米国による植民地政策の主要対象地域であり、支配国の利権がひしめいていた。この地域の攻略は日本軍の圧倒的な兵力展開により極めて短期に完了したが、この領域を守り維持するためにはまた異次元の戦争継続能力が求められた。

「一九四一年十一月三日海軍部は謎(なぞ)とされる米英の戦争戦力を可分としこれに基づき『対米英

蘭帝国海軍作戦計画』を完成し、同月五日允裁(インサイ)を得た。」また同月四日、軍令部総長は、二年目以降の作戦見通し困難を指摘したが、「独国の英国制覇により米国を脱落させて、戦争終結を図る。」という希望的意見を開陳した。

これが日本軍における戦争の見通しと、戦争終末の腹案であった。また戦争開始から二年目以降の作戦計画も具体的には何も研究されていなかった。その一例として、開戦時の作戦計画に基づく連合艦隊が第二段作戦において行うべき戦略についての具体的なものはなかった。

七、連合艦隊山本司令長官の作戦思想

連合艦隊司令長官は、海軍における主たる決戦兵力（守備隊である各鎮守長官に属する兵力を除く）の殆ど全部を率いる戦闘部隊の最高指揮官である。長官は大本営の命令は勿論軍令部総長の指示に基づく作戦方針を受けて具体的な作戦計画を立て、武力戦に勝利し与えられた目的を達成すべき任務を持っていた。連合艦隊司令長官であった山本五十六海軍大将は米国および英国の政治、経済なかんずく軍事に対する卓越した見識を備えた人物であった。山本長官の作戦思想と海軍軍令部の示す作戦方針とでは大きな相違があり、この方針では戦争の勝利は難しいと判断していた。長官は、決戦兵力を指揮して武力戦を実行する最高責任者として、理に適合していると言い難い海軍部の作戦方針を丸呑みにするわけにはいかなかったと思われる。自己自身が勝敗の分岐点を肌に感じ、それが理に適い勝算を確信し得る唯一の作戦方針と信ずるものを練り上げて、これをもって決戦に臨もうとしたと考えられる。即ち一部守勢をもって勢力を温存し長期戦において勝機を見出す戦略思想を受容することはなかった。山本長官と海軍部共になんとかして長期戦を避けなくてはならないことは両者一致していたが、その認識の度合いにおいて相違があったのである。

山本長官は、武官として二回駐米の経験があり知米派であった。駐米の度に日本と米国との国力の差、中でも工業力において日本国は致命的に米国に劣後しており、対米戦は行うべきではないと判断していたが、短期戦をもって日本国の国力の欠点を補う方策が見出されれば短期戦における勝ち目も有り得ると考えていた。しかし、短期戦早期において米国を屈服させることが最も肝心であるが、それは到底成せることではなかった。従って海軍主要戦力をもって米国の弱いところを痛撃して軍事力の弱体化を図り、彼を戦意喪失に陥らせる方策しか考えられなかった。

戦いというものは劣勢なものが守勢となり、優勢なるものが全力で攻めるならば受け立つ劣勢は勝ち目に乏しいのは、火を見るより明らかなことである。兵法に従えば、弱者が強者を打ち破るに三つの方法がある。即ち一、一点集中　二、少数精鋭　三、奇襲の何(いづ)れかの採用により敵を守勢に至らせしめ先手をとる。そして敵を守勢に終始させること。奇襲を主戦法としてアメリカ軍太平洋艦隊の拠点であるハワイを攻略する。そこに先手必勝、短期戦の勝利に活路を見出せる。と考えていたと思われる。

そして山本長官は、早い時期から中国戦線における戦闘機および爆撃機の活躍と将来性に着目し、工業生産力において米国に劣後を取るは産業基盤上の優劣によることとしてこれを払拭できないものの航空機の機能、性能については決して劣ることのない技術力を持つことができると考え、特徴ある軍事力を目指し日本海軍の戦力向上を図ることができると判断していたと思われる。そして山本長官は航空の人材、航空の物と作戦技術の育成、整備に努力を払い海軍航空育成に心血を注いだのである。

八、ハワイ奇襲作戦の評価

すでに述べたとおり、大本営海軍部と連合艦隊司令部、なかんずく山本長官との間には作戦思想において相違があり、またハワイ奇襲作戦の目的にも相違がみられた。そこで、海軍部と山本長官の間には当該作戦の戦果の評価に齟齬が生じたのは当然である。

海軍部のハワイ奇襲作戦の目的としては、南方資源要域の攻略を完了し、日本軍がアメリカ軍を邀撃すべき作戦準備の完了まで敵艦隊の来攻を阻止して、強化した打撃力によって敵を滅殺することであった。従ってハワイ奇襲攻撃の戦果は開戦劈頭の期待を上回ることとして評価した。しかも大本営海軍部および連合艦隊が最も懸念していた日本軍空母の損壊はゼロであった。また、海軍部はハワイ奇襲部隊指揮官である第一機動部隊司令長官兼第一航艦司令長官・南雲忠一海軍中将が一撃を与えただけで引き揚げたことを日本軍の損害を回避したこととしてその作戦指導を「お見事」と評価した。

しかし、空母が真珠湾に不在であったので打ち漏らしたことはやむを得なかったが、山本長官はこの打ち漏らしたことは今後の作戦を進める上でも障害となるものと判断した。そして主敵アメリカ軍を短期決戦に誘い込むことを企図していた山本長官は、この空母を撃破するために空母決戦の対策と研究を急いだ。

山本長官の作戦思想及び作戦計画主要部においては、米空母が必ず日本国本土に対して奇襲攻撃をかけてくることへの警戒心が存在していた。

世界に誇る軍事組織、巨大連合艦隊を指揮下に置く山本長官は、幾つかの重要な誤報告と失態に激怒した。その一つは一九四二年一月のアメリカ軍空母「レキシントン」の撃沈誤報告である。他は同年五月、珊瑚海海戦で中破し、味方巡洋艦に曳航されている空母「ヨークタウン」の撃沈を命じられた「伊号」潜水艦が数発の魚雷を命中させることができずに当該空母を真珠湾（ドック）に帰還させたことである。巨大な組織はこれと戦う側に立てばこれ程恐怖を感じるものはない。しかも、戦って勝利を手中にすることが保障される証しなどはない。その証拠として一九四二年三月以降に生起する海戦戦闘における、特に索敵という最重要事象における消極的行動と報告、つまり「飛んで帰ってくればいい」報告も勝利の逸失に到らしめた局面を想起する。またアメリカ軍パイロットの飛行術を一見して拙劣と断定、戦いの雌雄を決することの本質についての理解は極めて浅かった。「一軍の勝敗は一軍の勇法にあらず」兵術の基本として極めて重要な指針である。

九、ミッドウェイ作戦構想

山本長官が米空母艦載機による日本国本土に対する空襲を際立って重視し、その空母部隊を真珠湾奇襲で打ち漏らしたことに憂いを持ち、アメリカ軍空母機動部隊の動向対策を研究するも的確な防衛手段は見出せなかった。

アメリカ軍とりわけ機動部隊はハワイを基軸として出港する情報が得られたものの、その出港企図を知るに至らなかった。そのことは連合艦隊にとってアメリカ軍空母機動部隊の日本国本土への奇襲行動との関連性を解く上で神経を削がれる事項であった。しかし、日本軍潜水艦は一月十二日に米空母「レキシントン」の撃沈を報告し、そのあと米空母機動部隊の情報が途絶えるようになった。連合艦隊はこの状況下で誠に自身にとって都合の良い情勢判断を下したのである。また、連合艦隊司令部は、アメリカ海軍は、空母「レキシントン」の喪失により空母機動部隊の行動が制約されたと判断した。その結果として連合艦隊は、アメリカ海軍空母機動部隊による日本国本土空襲に対する厳戒体制として、計画に基づき日本国本土東側に向かって配備していた空母部隊の主力を、西方に展開中の南方要域作戦の支援に転配置した。その直後一九四二年二月一日、マーシャル諸島の重要拠点はアメリカ空母および巡洋艦部隊の奇襲を受けた。連合艦隊の情勢判断および要務対拠判断は間違っていたのである。

アメリカ合衆国海軍キング作戦部長および太平洋艦隊司令長官・ニミッツ海軍大将は日本軍に対して早期反撃を望んでいたが、一月の初旬から二月初頭にはまだ日本軍が戦いの主導権を握っていた。ニミッツ海軍大将が太平洋艦隊の立て直しに取り掛かってから二カ月が過ぎていた。ニミッツ海軍大将にとって幸運なことは空母「エンタープライズ」「ホーネット」「ヨークタウン」「レキシントン」の四隻が日本軍の真珠湾奇襲を受けることなく無傷で健在であることであった。しかしながら、ニミッツ海軍大将は日本軍に対してこちらから攻撃する以前に、南太平洋における日本軍の反撃攻勢に対応せざるを得ない状況であった。

その頃アメリカ軍は日本軍が「サモア」に進攻するという兆候を得ていた。この情報はアメリカ軍にとって太平洋戦線においてハワイとオーストラリア間の交通輸送ルートが遮断、作戦機能が分断されることになり、オーストラリアが孤立し、日本軍の攻撃に晒されることになる。この日本軍の「サモア」進攻を食い止めるためアメリカ軍は本土から海兵隊を送った。当初海兵隊の護送にはフレッチャー海軍少将率いる空母「ヨークタウン」を旗艦とする第十七任務部隊が命じられた。さらにニミッツ海軍大将は、ハルゼー海軍中将に対してこの護送される海兵隊を安全に送り届けるために彼の率いる空母「エンタープライズ」および巡洋艦群部隊をもって海兵隊兵員輸送の護衛・増援を図るよう命じた。さらに海兵隊を安全に送り届けたならばハルゼー海軍中将とフレッチャー海軍少将は部隊を率いて大急ぎで「サモア」から約一八〇〇マイル北北西に向かって前進し、日本軍が作戦拠点とするギルバート諸島およびマーシャル諸島を奇襲することになっていた。この戦略展開は海軍キング作戦部長の要求に応じるものであった。

一九四二年一月、アメリカ海軍はハワイから将兵の家族を米国本土へ送り返しつつあった。将兵とその家族はできるだけハワイに留まりたかったが、遠からず米国本土に引き揚げることになることと考えていた。

一九四二年一月十一日（ハワイ日時）、ハルゼー海軍中将率いる空母「エンタープライズ」、スプルーアンス率いる第五巡洋艦戦隊「ノーザンプトン」以下巡洋艦二隻および駆逐艦六隻はサモアに向けて真珠湾を出港した。一月二十五日、海兵隊は無事サモアに到着し、ハルゼーの第八任務部隊とフレッチャーの第十七任務部隊はマーシャル諸島に向けて進路をとった。アメリカ軍は一月三十一日に攻撃を開始した。攻撃対象はフレッチャー海軍少将の空母部隊がギルバート諸島のマキン島、および南部マーシャル諸島のミリ島、ならびに同じくヤルート島を攻撃する。ハルゼー海軍中将率いる「エンタープライズ」の艦載機はマーシャル諸島北部のクェジェリン、ロイ、ウオッジェおよびギルバート諸島のタワラ島を攻撃する。これと同期してスプルーアンス海軍少将率いる第五巡洋艦戦隊はマーシャル諸島ウオッジェ環礁、同島北部のマロエラップ島に攻撃を加えた。ここにアメリカ軍が太平洋において日本領有地および領土に対する攻撃行動を開始したのである。日本軍は前戦基地に来襲する敵部隊を撃滅するだけの兵力を常時配備しておく余裕は持てなかったのである。日本軍は航空哨戒によりアメリカ軍の情報を把握して近海の増援部隊の展開による領土防御を行っていたが、その飛行哨戒はアメリカ軍部隊を発見できなかった。この哨戒能力の不足を思い知らされた日本軍は改めて受け身作戦の難しさを味わったのである。しかし、アメリカ軍機動部隊がこれら諸群島に対して一撃のみで引き揚げたとみた連合艦隊は、本奇襲はアメリカ国内向けにアメリカ海軍が政治的着想で実施したものであると判断した。そしてこれ以上のアメリカ軍の機動部隊の来襲はないものとした。ここでも連合艦隊の判断はまちがっていた。その後二月二十九日ニューブリテン島ラバウル、二月二十三日ウェーク島、さらには三月四日には南鳥島がアメリカ軍機動部隊に空襲された。これらの攻撃はキング作戦部長のたっての希望であり、日本軍による真珠湾奇襲によって損われたアメリカ軍兵士の士気を向上させるものであった。またニミッツ海軍大将はハルゼー海軍中将とスプルーアンス海軍少将に対して日本軍への牽制という副次的な目的をもって中部太平洋諸群島に奇襲の反復を命じた。

十、ミッドウェイ海戦前夜

一九四二年四月十八日、東京空襲を実行したハルゼー海軍中将率いる第十六任務部隊はドーリットル東京空襲を終えて、乗員の休養と弾薬、燃料、糧食等の補充のため四月二十五日真珠湾に帰港した。アメリカ軍第十七任務部隊指揮官・フレッチャー海軍少将は、空母「ヨークタウン」及び「レキシントン」をもって日本海軍が構築したソロモン諸島南端のツラギを破壊していた。さらにアメリカ軍はニューギニア南東部のポートモレスビーを攻略しつつあった日本軍を攻撃していた。ニューギニア近海の珊瑚海では日米機動部隊（日本軍空母三隻、アメリカ軍空母二隻）が空母対決に死力を尽くしていた。

ニミッツ海軍大将はこれらの戦局に対応するためにハルゼー海軍中将率いる第十六任務部隊空母「エンタープライズ」及び「ホーネット」を南太平洋に増派した。増派されたハルゼーの機動部隊（スプルーアンス指揮下の第五巡洋艦戦隊を含む）は四月三十日に真珠湾を出港したが、海戦に間に合わなかった。

スプルーアンス海軍少将は、東京空襲作戦に対するドーリットル空襲と珊瑚海海戦を同時期に実施したことが珊瑚海及び南太平洋で必要とされた兵力を分散させたとして不満であった。

この南太平洋での日米の空母決戦は「珊瑚海海戦」(既述)と呼ばれ五月八日を戦況の境としたが、この海戦ではアメリカ軍は「ヨークタウン」と「レキシントン」が、日本軍は軽空母の「翔鳳」撃沈の他大型空母「翔鶴」および「瑞鶴」が空母対決を実施し、双方空母一隻ずつを喪失した。この対決攻防戦の勝敗について明確な決着要素は得難いものであったが、アメリカ軍にとっては開戦以来破竹の勢いの攻勢であった日本軍の行き足を食い止めたのである。ハルゼー海軍中将はその後も南太平洋にとどまり哨戒行動をしていたが、五月十六日、ニミッツから真珠湾に帰投するよう命じられた。そしてニミッツ海軍大将は真珠湾への帰りの航海の間にハルゼー海軍中将とスプルーアンス海軍少将に多くの情報を周知した。その情報電報は「日本軍は強力な海軍部隊を擁してミッドウェイ島及びアリューシャン列島の攻略、占領を目論んでいる」というものであった。ニミッツ海軍大将は、なぜ日本軍がミッドウェイ島を占領しようとしているのかよく理解できなかった。ホノルルの北西一二〇〇マイルの地点にあるこの島は、アメリカ軍にとって戦略的な重要性がなく、なぜこの島に兵力を投入しようとしているのか、その価値について理論的に整合がとれなかった。そして日本軍がミッドウェイ島を占領しようとしていることそれ自体に疑問を持ったのである。つまり、日本軍はこの島で何をしようとしているのかである。

疑問は直ぐに解けた。アメリカ海軍は、日本軍が目的とするミッドウェイ島の攻略占領は、数において劣勢なアメリカ軍機動空母群を誘い出してこれを撃滅することである、と結論した。

五月二十六日、ハルゼー海軍中将率いるアメリカ軍第十六任務部隊は真珠湾に入港した。この情勢判断の結論を得たスプルーアンス海軍少将はハルゼー海軍中将との会談のため彼が座乗する空母「エンタープライズ」を訪問した。そこでスプルーアンスは、艦長ジョージ・D・マレー海軍大佐からハルゼーがニミッツ海軍大将の命令により長期入院となったことを知らされた。ハルゼーは重篤な発疹であった。スプルーアンス海軍少将は指揮官不在の第十六任務部隊のこれからについて考え沈黙した。そして間もなくその日のうちに太平洋艦隊司令部においてニミッツ海軍大将は極めて簡潔な命令をスプルーアンス海軍少将に下した。第十六任務部隊の指揮をスプルーアンス海軍少将が執ること。これがハルゼー中将の推薦であること。さらに、ニミッツ海軍大将は機動部隊は四十八時以内に燃料、糧食その他の所要の準備を完了、出撃してミッドウェイ島を占領しようとしている日本軍空母艦隊を迎え撃つよう命じた。ニミッツ海軍大将はアメリカ軍機動部隊の指揮系統についても伝えた。その内容は、珊瑚海海戦で損傷（中破）を受けた空母「ヨークタウン」はフレッチャー少将が座乗すること、及びその修理が間に合ったならばスプルーアンス海軍少将とともにこの迎撃作戦を遂行し、アメリカ軍の攻撃部隊の現場の戦闘指揮を執る、というものであった。このフレッチャー少将に対する任務付与の背景には珊瑚海海戦において、約二千マイル南方から曳航し真珠湾の修理ドックで入渠中の空母「ヨークタウン」の超高速修理を成功させる目途がニミッツ海軍大将に報告されており、またフレッチャー海軍少将は先の南太平洋（珊瑚海）での空母対決戦闘での艦載機及び空母運用について腕を上げていた。スプルーアンス海軍少将にとって参謀の編成は急を要したがハルゼー中将の幕僚をそのまま受け継ぐことになった。その直後太平洋艦隊司令部情報参謀レイトン海軍中佐は日本軍の暗号を解読し、日本軍の意図について明確に知ることができたと報告し内容について解説した。ただ一つだけ明らかでなかったのは、日本軍がいつミッドウェイ島を攻撃してくるのかという日時であった。

『日・米国家の命運』

スプルーアンス海軍少将はニミッツ海軍大将から二つの命令を与えられた。彼が受け取った命令は、「日本軍を迎え撃ってこれを撃破せよ」というものであった。しかし、ニミッツ大将は続けて、スプルーアンス海軍少将に対し「彼が率いる空母艦隊が大きく打撃を被るようなことがあってはならない。もし戦況が不利になったならば退却して、日本軍がミッドウェイを占領するままにせよ」と明確な命令を下した。その上でニミッツ大将はスプルーアンス海軍少将に、「日本軍はミッドウェイ島を占領しても長期間持ち堪えることはできないだろう。だからわれわれはあとでそれを取り返せばいいのだ」とつぶやいた。ニミッツ大将はこの差し迫った、しかも『日・米国家の命運』の分岐点となるかもしれないミッドウェイ海戦に負けることはできないというメッセージを最も簡潔な言葉で表現したのである。

ニミッツ大将は命令の中でスプルーアンス海軍少将に空母二隻「エンタープライズ」と「ホーネット」、巡洋艦六隻および駆逐艦十二隻を付与、これを第十六任務部隊と命名、フレッチャー海軍少将は第十七任務部隊の司令官である。第十七任務部隊は珊瑚海海戦において損害を受けた空母「ヨークタウン」と巡洋艦二隻および駆逐艦六隻で編成されていた。スプルーアンス少将とフレッチャー少将は共に海軍少将ではあるが、フレッチャー海軍少将がスプルーアンス海軍少将よりも上位の少将であり彼が両任務部隊の戦闘の指揮を執ることと、両任務部隊が合同作戦を実施する場合、部隊運用調整の責任を負うこととされていた。

さらに同命令書にはミッドウェイ島に押しよせる日本軍の意図が記述してあった。日本軍空母艦隊は数においてアメリカ軍に勝っていた。「日本軍は近い将来、空母四隻ないし五隻、戦艦二隻ないし四隻、巡洋艦八隻ないし九隻、駆逐艦十六隻ないし二十四隻、潜水艦八隻ないし十二隻、ならびに上陸部隊を乗せた輸送船をもってミッドウェイ島の占領を図るであろう。その空母の一隻または二隻がミッドウェイ島を攻撃して同島の基地航空部隊を撃滅し、次にはその水上艦艇部隊でもって砲撃を加えそこで上陸部隊が同島を占領するであろう。」さらにニミッツ海軍大将は、起こり得る日本軍との戦闘の想定について述べた。日本軍が上陸しようとした場合、ミッドウェイ島とその救援に向かうアメリカ艦隊に対して日本軍の主力空母群がこれを阻止するための防戦を敷く、そしてミッドウェイ島を孤立させる作戦とアメリカ艦隊の反撃を阻止しようとする二正面作戦を取るであろう。日本軍のミッドウェイ攻略部隊は北西方向からミッドウェイ島に接近して来るであろう。もし日本軍がアメリカ軍空母艦隊を発見したならばこの艦隊は日本軍空母艦隊の主要な攻撃目標となる、と述べている。

五月二十七日、真珠湾出港の前日、ニミッツ海軍大将、フレッチャー海軍少将及びスプルーアンス海軍少将の三者作戦会議で彼等はニミッツ大将からの文書命令を受領した。その内容は前述した情勢判断並びにその中に含まれている基本的な情報について、さらに詳しく書かれた情報別紙を渡された。そして当該別紙には、きたるべき本作戦に参加する日本海軍の艦艇の名称とその性能が明確に記述されていた。日本海軍の暗号解読によって得られた豊富な情報を与えられたフレッチャーとスプルーアンス海軍少将の両指揮官は貴重な情報を得て確実に有利な立場に立つことができたと認識した。特に「ヨークタウン」の修理がいまだ突貫作業中である中で空母二隻を中心とする第十六任務部隊の指揮を任じられ本海戦の主力兵力の指揮官となったスプルーアンス海軍少将にとって、これ以上の得難い貴重な情報はなかった。彼らが日本軍の意図を正しく理解していたことは、特にスプルーアンスにとって彼が率いる部隊の劣勢を補完する戦術の捻出において非常に役立った。

指揮哲学

第十六任務部隊が真珠湾を出港する前日の夕刻、アメリカ海軍キング作戦部長はこの差し迫った時間の中でフレッチャー海軍少将とスプルーアンス海軍少将に、アメリカ海軍の戦場での『指揮』に関する基本的な考え方を明示した。それはこれから起きる「戦闘指揮の原則（指揮哲学）」についてであった。部下の指揮官に対する任務付与は、指揮官に達成すべき任務を明示すること及びそのために必要な手段を与えること、その後はその指揮官が付与された任務を達成できるように、「すべて」をその指揮官に「まかせてしまう」という考え方であった。さらにキング作戦部長は、部下の指揮官に必要以上に細分化した指示を与えることは、下級の指揮官としては指揮の内容まで立ち入られ干渉されて誤判断に至る結果を招来すると考えていた。この指導の意図するところは、現地戦場における指揮官はややもすると指示待ちに陥りやすくなるため、指揮官の自主積極的な行動を促し、その行動を束縛しないようにするために厳重な指導を行ったのである。そしてアメリカ海軍における指揮官とその命令の本質とも言える考え方は、やがて本海戦の勝敗の一分岐となった（後述）。

戦闘

ニミッツ海軍大将はフレッチャー海軍少将およびスプルーアンス海軍少将に与えた命令において、第十六任務部隊と第十七任務部隊はミッドウェイ島東北方位において合流、待機し、北西からミッドウェイ島に向かい攻撃してくる日本軍空母群の左脇腹を衝くよう指示していた。

たとえ日本軍が東北方位から向かって来たとしてもその進路を封じる。アメリカ軍は日本軍をミッドウェイ島の数百マイル手前で待ち伏せて迎え撃つはずであった。

フレッチャー海軍少将とスプルーアンス海軍少将は日本軍との戦闘において敵の左側面への奇襲を最良の攻撃とし、また敵の進行正面を遮断し立ちはだかって撃破する戦いを実施し、日本軍に最大の損害を与えるようにするが、アメリカ軍としては「重大な損害を受けない」戦いにしなくてはならなかった。特にニミッツ海軍大将は「重大な損害を受けない」という点について強調し、口頭のみでなく別に文書訓令により最も強調した。その文面は次のとおりである。

貴官は本海戦の本質を会得し、その主旨をふまえた戦闘行動をとること並びに敵対行為に当り勝利への確信が得られない限りにあってアメリカ軍を危険にさらしめてはならないものとする。

フレッチャー海軍少将とスプルーアンス海軍少将はこの訓令の本質を共有しておかなければならなかった。ミッドウェイ島のアメリカ軍部隊の任務は、ミッドウェイ島の防御である。このことは作戦命令にニミッツ海軍大将が明示しているとおりである。しかし、この二人の指揮官は命令文には明示されてはいない重要な指針を把握しておく必要があった。つまりこの訓令の文書上にない特段の命令は、あらゆる犠牲をはらってもミッドウェイ島を確保せよといっているのではないことを理解した。ニミッツ海軍大将は彼等に対して貴重なアメリカ軍の空母部隊を保全することがミッドウェイ島を守るよりも重要であることを示した。この命令の本質は、この太平洋におけるこれ以降の戦局の優劣を支配するのは空母であり、敵を確実に打撃撃滅するのも空母戦力であるということである。命令の本質は先の珊瑚海での空母決戦を検証してニミッツ海軍大将が導き出した結論である。

これは要するに、もしアメリカ軍がミッドウェイ海戦に敗れたならば計り知れない事態が想起された。アメリカ軍の空母艦隊が敗北し太平洋の制海、制空権が失われたならば日本軍による真珠湾奇襲のみならずハワイ全島から拡大してアメリカ本土西海岸が襲撃の恐怖にさらされることが明白であり、アメリカ合衆国国民の士気を損なうことになることが現実味をおびていた。

五月二十七日のニミッツ海軍大将、フレッチャー海軍少将及びスプルーアンス海軍少将による作戦会議における結果に基づき各指揮官には今後彼等がとるべき具体的な戦術の立案が要求された。そして珊瑚海海戦で中破した空母「ヨークタウン」が突貫作業によって、完全ではなかったが戦闘所要機能の七割程度といわれる修復により艦載機の運用が可能となりフレッチャー海軍少将の指揮下となった。空母「ヨークタウン」搭載艦載機は空母「サラトガ」の飛行機及び搭乗員を転用、補給物資の急速確保により一部損害をかかえたまま出撃可能とされた。この報告は、日本軍空母が四隻から五隻あるいは六隻とみなしていたニミッツ海軍大将にとって、さらにフレッチャー海軍少将そしてまたスプルーアンス海軍少将にとって戦略、戦術的展開の上で極めて大きな報告であった。

アメリカ海軍太平洋艦隊は巨大艦隊を伴う日本軍に対する戦闘において今後とるべき戦略の立案に動いた。その中でスプルーアンス少将は日本空母部隊に対して何よりも先制攻撃をかけたいと考えていたのである。そして第一撃をより早く日本軍に最初に投弾したいと考えていたのである。この第一撃のために彼は情報参謀に対して直（じか）に面談し一刻も早い正確な敵空母の情報解読とその報告を求めた。そして総合的に先制攻撃が可能と判断したならば、指揮下の航空兵力を一挙に日本軍空母群に集中攻撃させるとしたのである。そして必ず敵の空母を撃沈することとした。そして空母以外の艦艇に対しては、空母撃沈のあと自軍の兵力をかき集めて敵の戦艦、巡洋艦等に攻撃を集中させてこれらを撃沈する考えであった。彼の計画は、危険を伴う一種の「賭け」であったが、先制攻撃をとりうる情報と空母搭載航空隊と空母の運用が的確に機能すれば極めて大きな成果を得られる可能性が大であった。そして彼は空母に一機の予備を残すことなく指揮下の空母航空隊の全力をもって敵空母に攻撃をかけることを目論んでいたのである。スプルーアンスは、指揮下の航空部隊が日本軍空母艦隊に攻撃を加え、しかも日本軍が気付かないうちに奇襲をかけることができたならば、ただの一回の攻撃で日本軍の空母を撃沈することができ、空母不在の日本軍は反撃さえも不可能となるであろうと考えていた。しかしながら日本軍の方がアメリカ軍を先に発見したとしたら、巨大艦隊の日本軍は優勢な航空兵力でスプルーアンス海軍少将指揮の空母艦隊を制圧するであろう。巨大艦隊を破るには奇襲に成功することが最も重要であった。

奇襲成功の要は空母機動部隊の位置を秘匿することである。スプルーアンス海軍少将はアメリカ軍機動部隊の全軍に対して無線封止を命令した。これは艦載機が母艦の位置を確認できず帰艦の方位を知るために電波発信を要求してきた状況であっても無線を使用してはならないことを各艦に厳守させた（無線封止は本海戦期間中厳守された）。

第十七任務部隊を指揮するフレッチャー海軍少将は珊瑚海海戦で空母艦載機の運用において苦い想い出がある。彼は、日本軍空母発見の報告に基づいて「ヨークタウン」から可動全機を攻撃に向かわせたが攻撃隊は敵空母を発見できなかった。結局のところ艦種識別の誤報と判明した。それ以降は情報の確実性を求めるため詳細第二報を待って攻撃部隊の発進を命じた経験についても三者の作戦会議の中でこのことを共有したのである。スプルーアンス海軍少将は事に臨んでは沈着冷静な状況判断と共に優れた要務処理者としてアメリカ合衆国海軍将官の中でも衆知であり、フレッチャー海軍少将と共に評価が高かった。そのスプルーアンス海軍少将であったが、ミッドウェイ海戦が終わった後で彼の作戦を批判したものもいた。しかし、慎重さと剛胆さによってこの海戦を勝利に導いたことを考えれば、ニミッツ海軍大将が空母運用の経験のない彼を第五巡洋艦隊司令官からハルゼー海軍中将に代わってミッドウェイ海戦の主役である第十六任務部隊司令官に補任したいわれは、彼が智将スプルーアンス海軍少将の「柔軟な思考力」および「運の強さ」に確固たる信頼を置いていた結果であったと思われるのである。

この点について、世界に誇るとされた日本軍海軍の「其れ等」に思い至るところがある。

十一、日本軍（連合艦隊）

既述のとおり、日本国本土が初めてアメリカ軍の攻撃を受けた東京空襲は大本営、連合艦隊にとって「血色」を失う程の衝撃であった。加えて敵はB－25爆撃機を使用しての長距離、広範囲にわたる地域の空爆が可能でありその防御において対策が考えられなかった。またドーリットル空爆奇襲に成功したアメリカ軍は、盛り上がった米国国民の支持を背景に再空襲を企図することは必至と思われた。大本営および連合艦隊は、アメリカ軍の本土再襲来の意志を阻喪させるためにミッドウェイ作戦を急ぎ、予定どおり実行しようと準備を進めた。特に大本営海軍部は、それまでの呑気風潮とは異なって東京空襲によって起きた国民感情への影響の大きさを知りアメリカ軍機動部隊の撃滅作戦に関心を高めていった。連合艦隊山本長官は、日本軍が真珠湾を奇襲攻撃し成功したことの裏返しとして、アメリカ軍が日本国本土を奇襲成功に至らしめることは極めて当然のことと認識していた。しかし海軍部内には全くなかったとは言い切れないが部内の空気として緊張感はなかった。日本軍は六月六日（ミッドウェイ地方時）にミッドウェイ島上陸を計画していた。連合艦隊は四月下旬に南方作戦を終えて引き揚げてくる部隊を集め、ミッドウェイ作戦計画の基礎研究会を行った。そのため各部隊への作戦要務内容の示達は後回しになった。さらに作戦計画による図上演習は連合艦隊の準備計画どおりに進められ各部隊は部隊側としての意見を述べる余地はなかった。連合艦隊はミッドウェイ作戦計画を四月下旬には立案し終わり、四月二十八日、部隊関係者に渡された。

十二、地　誌

ミッドウェイ島はアメリカ大陸西岸とユーラシア大陸東岸間の太平洋上のほぼ中間点に位置する。ハワイ島ホノルルから東京間で言えばハワイ側三分の一の距離にある環礁島である。直径約十一キロの環礁円内の南部にイースタン島とサンド島がある。サンド島はイースタン島の西にあり、陸地はイースタン島は東西に三キロ、南北に一・五キロ、平坦で陸上飛行場がある。サンド島は東西に三キロ、南北に二・五キロで礁湖面積六〇・一㎢、両島相互間の南の礁湖出入口は約一〇〇メートル、サンド北部の小水路は浅瀬ながら中型船舶通行はできる。サンド島には飛行艇基地がある。標高は最高十三メートルである。サンド島とオアフ島間に海底電線がある。

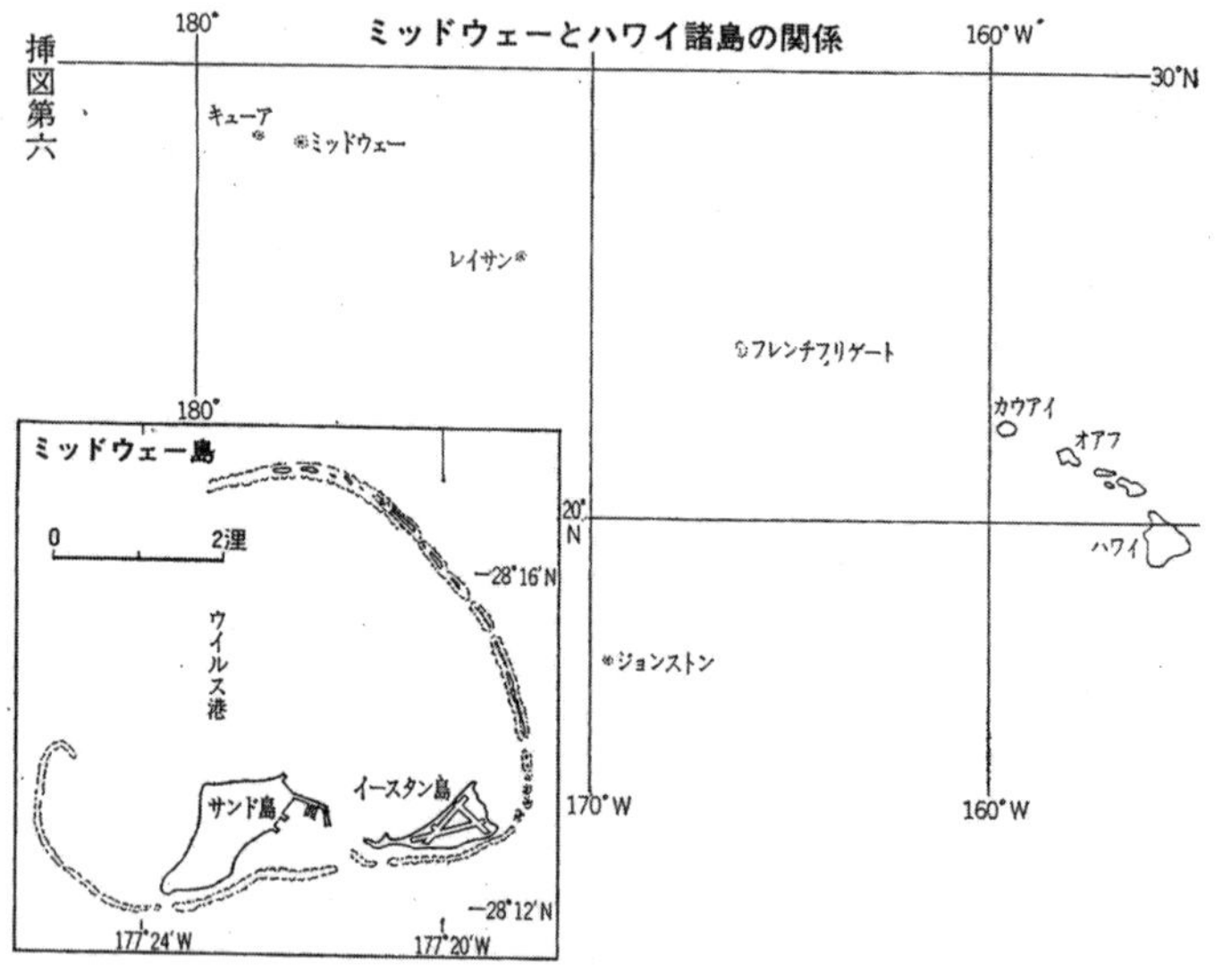

ミッドウェイ島とハワイ諸島の関係

出典：防衛研修所『戦史叢書43巻　ミッドウェー海戦』

十三、アメリカ海軍在ハワイ作戦兵力見積もり

日本軍によるアメリカ海軍在ハワイ兵力の見積もりは次のとおりとされた。

飛行機
　飛行艇（ＰＢＹ）六十機、爆撃機（ＳＢＤ）一〇〇機、戦闘機（Ｆ４Ｆ）二〇〇機

艦艇
　空母三～四隻、特設空母二隻、戦艦二隻、甲巡洋艦四～五隻、乙巡洋艦四隻、軽巡洋艦三～四隻、駆逐艦三十隻、潜水艦二十五隻

四月下旬以降太平洋にあるアメリカ軍空母は、「エンタープライズ」「ホーネット」「サラトガ」及び「ヨークタウン」の三～四隻と判断された。尚「ワプス」はヨーロッパ戦線に従事している可能性を大と判断していた。また実在する空母「レキシントン」の四月時点での日本海軍の扱いは一月に撃沈したものと「みなし撃沈」としていた。

日本軍は、アメリカ軍飛行機隊搭乗員の技量は低劣と見積もっており、戦力は日本軍の六分の一、特に雷撃はほとんどできていないと判断していた。しかしこの戦力分析の中でアメリカ軍の雷撃評価の誤りは以前から続いている根拠のない強がりの虚言であり筋の通ったものではなかった。その証しとしてアメリカ海軍雷撃隊に対する極小評価が間違っていたことによる事象が生起した。それは既述の珊瑚海海戦においてアメリカ軍空母「レキシントン」を発進した雷撃隊機（ＴＢＤ）二十機は日本軍軽空母「祥鳳」に魚雷七本を命中させて撃沈した。「特に雷撃はほとんどできない」と誰が言い放ったか知る由もないが、事実として存在したことは確かである。戦闘能力の軽々評価と、失われた自制心の象徴である虚勢と虚言が、厳しく制約される戦場という相克の中で、組織が今向かっている兵士達の心の奥に『緩み』を放ってしまった。緩みはそれ自体にとどまらず戦闘の勝敗の命運という生死の分岐となっていったのである。

十四、攻略期日

連合艦隊は次の理由によりミッドウェイ島攻略期日を「六月七日（日本時間）、現地時間六月六日」と予定した。

一、ミッドウェイ上陸作戦は、月出が現地時間午前零時頃の七日が最適である。即ちミッドウェイは環礁を越え礁湖を渡って、（それはマーシャル諸島のウォッジュ島に極似した島）に上陸するので前夜半にかけて月明りのないことが絶対条件である。

二、ミッドウェイ方面の凪と波浪の静穏期が六月初旬であること。

以上が条件と合致した。

十五、兵力量

日本軍はインド洋およびオーストラリア国の東方で作戦する一部の潜水部隊、太平洋南西、南東方面、内南洋方面（かつて大日本帝国が国際連盟〈ベルサイユ条約〉によって委任統治を託された西太平洋の赤道付近に広がるミクロネシアの島々をさす）の兵力を除き、連合艦隊の決戦兵力全部を使用することとした。そのことにより、五月上旬に予定しているポートモレスビー（ニューギニア）攻略作戦に参加する第五戦隊（重巡洋艦三隻）、第四航空戦隊（小型空母祥鳳）、第五航空戦隊（空母「祥鶴」、「瑞鶴」）に対しては、五月十日までに当該作戦を終えて内地に引き揚げたのち、ミッドウェイ作戦に従事するよう指導を実施していた。連合艦隊はこの全兵力をミッドウェイ作戦およびアリューシャン作戦に一挙投入する兵力量として、いかなる不安は持っていなかったのである。

ミッドウェイ海戦に参加した兵力は次のとおりである（出典：防衛研修所『戦史叢書43巻ミッドウェー海戦』）。

兵力量（日本軍）

第一航空艦隊（第一機動部隊）司令長官：南雲忠一海軍中将

第一航空戦隊司令官：南雲忠一海軍中将

航空母艦：赤城（零戦　二十一機　九九艦爆　二十一機　九七艦攻　二十一機）

航空母艦：加賀（零戦　二十一機　九九艦爆　二十一機　九七艦攻　三十機）

第二航空戦隊司令官：山口多聞海軍少将

航空母艦：飛龍（零戦　二十一機　九九艦爆　二十一機　九七艦攻　二十一機）

航空母艦：蒼龍（零戦　二十一機　九九艦爆　二十一機　九七艦攻　二十一機）

第八戦隊司令官：阿部弘毅海軍少将

　重巡洋艦：利根　筑摩

第三戦隊第二小隊

　戦艦：榛名　霧島

第十戦隊司令官：木村進海軍少将

　軽巡洋艦：長良

第四駆逐隊
　駆逐艦：嵐　野分　萩風　舞風
第十駆逐隊
　駆逐艦：風雲　夕雲　巻雲　秋雲
第十七駆逐隊
　駆逐艦：磯風　浦風　浜風　谷風
輸送艦：八隻

その他のミッドウェイ作戦の兵力は次のとおりである。

連合艦隊（主力部隊）司令長官：山本五十六海軍大将
第一戦隊：連合艦隊司令長官直率
　戦艦：大和　長門　陸奥
第三水雷戦隊司令官　橋本信太郎海軍少将
　軽巡洋艦：川内
第十一駆逐隊
　駆逐艦：吹雪　白雪　初雪　叢雲

第十九駆逐隊
　駆逐艦：磯波　浦波　敷波　綾波
空母隊（兼鳳祥艦長）
　航空母艦：鳳祥
　駆逐艦：夕風
特務隊
　水上機母艦：千代田　日進
油槽艦：二隻
第一艦隊（主力艦隊）司令長官　高須四郎海軍中将
第二戦隊　第一艦隊司令長官直率
　戦艦：伊勢　日向　扶桑　山城
第九戦隊司令官　岸福治海軍少将
　軽巡洋艦：北上　大井
第二十四駆逐隊
　駆逐艦：海風　江風
第二十七駆逐隊
　駆逐艦：夕暮　白露　時雨

第二十駆逐隊
　駆逐艦：天霧　朝霧　夕霧　白雲
油槽艦：二隻　さくらめんて丸　東亜丸
第二艦隊（攻略部隊）司令長官　近藤信竹海軍中将
第四戦隊第一小隊司令長官　近藤信竹海軍中将
　重巡洋艦：愛宕　鳥海
第五戦隊　司令官　高木武雄海軍中将
　重巡洋艦：羽黒　妙高
第三戦隊第一小隊司令官　三川軍一海軍中将
　戦艦：金剛　比叡
第四水雷戦隊司令官　西村祥治海軍少将
軽巡洋艦：由良
　第二駆逐隊
　　駆逐艦：五月雨　春雨　村雨　夕立
　第九駆逐隊
　　駆逐艦：朝雲　峯雲　夏雲　三日月
航空母艦：瑞鳳

油槽艦：四隻　健洋丸　玄洋丸　佐多丸　鶴見丸
第七戦隊（支援隊）司令官　栗田健男海軍少将
　重巡洋艦：三隅　最上　熊野　鈴谷
第八駆逐隊
　駆逐艦：朝潮　荒潮
第二水雷戦隊（護衛隊）　司令官　田中頼三海軍少将
　軽巡洋艦：神通
第十五駆逐隊
　駆逐艦：黒潮　親潮
第十六駆逐隊
　駆逐艦：初風　雪風　天津風　時津風
第十八駆逐隊
　駆逐艦：不知火　霞　陽炎　霰
哨戒艇：三隻　一号　二号　三号
油槽艦：一隻　あけぼの丸
第十一航空戦隊　司令官　藤田類太郎海軍少将
　水上母艦：千歳

水上母艦：神川丸
駆逐艦：早潮
哨戒艇：一隻　三五号
工作艇：一隻　明石

ミッドウェイ諸島占領隊
輸送船：十八隻
油槽艦：一隻
第二連合特別陸戦隊　司令官　太田實海軍大佐
横須賀第五特別陸戦隊
呉第五特別陸戦隊
第十一設営隊　第十二設営隊　第四測量隊
陸軍一木支隊　支隊長　一木清直陸軍大佐
第六艦隊（先遣部隊）司令長官　小松輝久海軍中将
本隊　軽巡洋艦：香取
第八潜水戦隊（先遣支隊）
潜水母艦：愛国丸　報国丸

潜水艦：八隻
第三潜水戦隊
潜水母艦：靖国丸
潜水艦：伊一六八以下六隻
第五潜水戦隊
潜水母艦：二隻　りおで志やねろ丸
潜水艦：伊一五六以下九隻

兵力量（アメリカ軍任務部隊）
第十七任務部隊（Task Force 17）
司令官　フランク・J・フレッチャー海軍少将
第二群（Task Group 17.2 Cruiser Group）
司令官　ウイリアム・W・スミス海軍少将
重巡洋艦　アストリア・ポートランド
第四群（Task Group 17.4 Destroyer Screen）
司令官　ギルバート・C・フーバー海軍大佐
第二駆逐戦隊（COMDESRON 2）

駆逐艦　ハムマン、アンダーソン、グウィンヒューズ、モリス、ラッセル
第五群（Task Group 17.5 Carrier Group）
司令官　エリオット・バックマスター海軍大佐（兼「ヨークタウン」艦長）
空母　ヨークタウン
ヨークタウン航空群
第三戦闘機隊（Ｆ４Ｆ「ワイルドキャット」二十五機）
第三爆撃機隊（ＳＢＤ「ドーントレス」十八機）
第五索敵爆撃機隊（ＳＢＤ「ドーントレス」十九機）
第三雷撃機隊（ＴＢＤ「デヴァステイター」十二機）
注：ヨークタウン第五航空群は珊瑚海海戦で被害損失、サラトガ第三航空群と残存の第五航空群を搭載。

第十六任務部隊（Task Force 16）
司令官　レイモンド・Ａ・スプルーアンス海軍少将
第二群（Task Group 16.2 Cruiser Group）
司令官　トーマス・Ｃ・キンケード海軍少将
第六巡洋隊（COMCRUDIV 6）

重巡洋艦　ミネアポリス、ニューオリンズ、ノーザンプトン、ペンサコラ、ヴィンセンス
　軽巡洋艦　アトランタ
第四群（Task Group 16.4 Destroyer Screen）
司令官　アレキサンダー・R・アーリー海軍大佐
第一駆逐戦隊（COMDESRON1）
駆逐艦　フェルプス、ウォーデン、モナハン、エイルウィン、バルチ、カニンガム、ベンハム、エレット、モーリー
第五群（Task Group16.5 Carrier Group）
司令官　ジョージ・D・マーレ海軍大佐（兼「エンタープライズ」艦長）
　空母　エンタープライズ
　エンタープライズ航空群
　　第六戦闘機隊（F４F「ワイルドキャット」二十七機）
　　第六爆撃機隊（SBD「ドーントレス」十九機）
　　第六索敵爆撃機隊（SBD「ドーントレス」十九機）
　　第六雷撃機隊（TBD「デヴァステイター」十四機）
　空母ホーネット　艦長　マーク・A・ミッチャー少将

ホーネット航空群
第八戦闘機隊（F4F「ワイルドキャット」二十七機）
第八爆撃機隊（SBD「ドーントレス」十九機）
第八索敵爆撃機隊（SBD「ドーントレス」十九機）
第八雷撃機隊（TBD「デヴァステイター」十四機）

第十六任務部隊　給油群（Oilers Group）
駆逐艦　デューイ、モンセン
艦隊給油艦　シマロン、プラット
潜水艦部隊　司令官　ロバート・H・イングリッシュ海軍少将
潜水艦十九隻

ミッドウェイ基地海軍航空部隊
司令　シリル・T・シマード海軍大佐
カタリナ飛行艇三十一機
雷撃機隊（TBF「アベンジャー」六機）
第二十二海兵航空群
司令　イラ・L・キムス海兵中佐

戦闘機隊（F2A「バッファロー」二十機）
戦闘機隊（F4F「ワイルドキャット」七機）
爆撃機隊（SB2U「ウィンディケーター」十一機）
爆撃機隊（SBD「ドーントレス」十六機）
第七陸軍航空軍分遣隊
司令　ウィリス・P・ヘール陸軍少将
爆撃機隊（B－26　四機）
爆撃機隊（B－17　十七機）

地上部隊
司令　シマード海軍大佐（兼任）
第二急襲大隊　駆逐艦一隻・小艦艇十二隻
第六海兵大隊　迎撃海兵隊兵員七五〇名
司令　ハロルド・D・シャノン海兵大佐
第一魚雷艇戦隊（魚雷艇十隻）
（哨戒艇四隻）
迎撃対空火器　五インチ砲六門

三インチ高角砲十二門
十二・七粍機銃四十八門
七・七粍機銃四十八門

十六、作戦要領

知敵要領

アメリカ軍は、ミッドウェイ島基地航空兵力をもって当該基地付近の広範囲を索敵することが可能である。その範囲は常駐する飛行艇（ＰＢＹ）の飛行性能に鑑みて約六〇〇マイル。日本軍連合艦隊は、ミッドウェイ西方位より発進して敵に六〇〇マイル付近で発見されることとなる。

これに対して、日本軍の索敵兵力は使用機の性能や攻略をめざす地勢から、当然のことながら戦場付近並びにアメリカ軍の本拠であるハワイ方面の索敵は不可能である。つまり日本軍の進出する航路は知敵不在、一方的な危険に晒されることになる。このため日本軍は日本列島の東正面の内地、南鳥島、ウェーク島およびマーシャル諸島からの飛行哨戒を行うほかはなかったのである。しかしながら、ミッドウェイ島攻略は戦略的奇襲が成り立つと確信していた連合艦隊は、潜水艦部隊の兵力をハワイとミッドウェイ間に大挙投入してハワイ方面から出撃してくるアメリカ軍空母艦隊を捕捉する警戒配備を計画した。

また日本軍はミッドウェイ島を攻略して速やかに航空兵力を進出させ、航空基地飛行機隊をハワイ方面の航空哨戒に当て、ミッドウェイ島奪還のために来攻するアメリカ軍を捕捉することとした。その航空索敵作戦を行うには航空基地を整備するために必要な人員器材を搭載した輸送船を上陸作戦部隊の後方に配置同行させることとした。一刻も早く同島からの索敵（知敵）機を発進させること、そしてその飛行艇又は攻撃機はマーシャル諸島およびウェーク島に待機させることとしたのである。

日本軍の知敵作戦はミッドウェイ島攻略期間中は攻略作戦機を索敵飛行に投入するだけの余力はなく期待はできなかった。索敵飛行の大部を水上部隊（艦艇・潜水艦・水上飛行艇等）に頼らざるを得なかった。

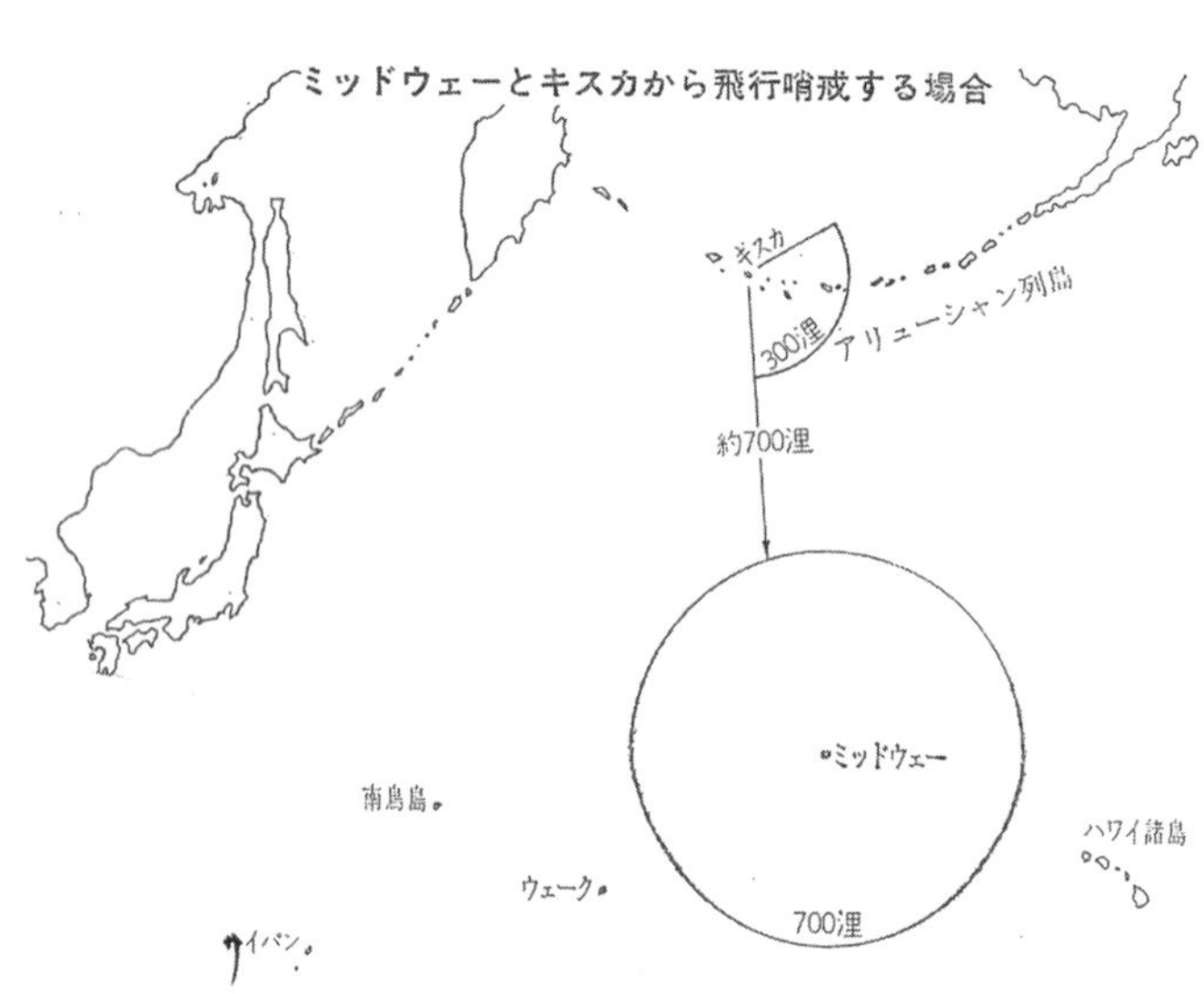

出典：防衛研修所『戦史叢書43巻　ミッドウェー海戦』

ミッドウェイ島攻略作戦が成功すれば、その後においては、より広範囲の索敵行動を行うことが可能であった。ただし前述の可能性は連合艦隊が策定したところの戦略的奇襲の成立が前提である。

十七、ミッドウェイ島攻略

既述のとおり連合艦隊の知敵作戦は戦略的奇襲を前提とし、またミッドウェイ島攻略要領の策定もこれが基礎とされた。しかし、連合艦隊は、計画においては奇襲に成功すれども攻略作戦中にアメリカ軍空母艦隊の出現という事態の急激な変化も考慮した。

同島攻略の要領は、まず主力空母四隻を基幹とする空母部隊をもって同島の襲撃を行い、同島の航空兵力（飛行機・飛行艇・滑走路）を撃滅し敵の攻撃力を制圧、航空基地作戦機能を停止させる。その後攻略部隊及び支援隊の各船団は同島の飛行機・飛行艇の哨戒圏とされる同島から六〇〇マイル圏内に侵攻する。その後空母部隊は、同島北方海上に占位して引き続き同島の航空兵力の制圧を図り味方上陸部隊の戦闘支援に当たり、かつアメリカ軍空母部隊の反撃に備える。

攻略部隊の内、輸送船団とこれを護衛する直接護衛兵力はサイパンに集合してミッドウェイ島に向かい兵力をキーア島に進攻させ水上機基地建設及び上陸作戦の支援に当たる。

攻略部隊主力は六月五日（現地時間）夜、ミッドウェイ島に到着し上陸を開始して、六月六日これを占領してアメリカ軍空母艦隊の反撃を制圧する。

第一艦隊第一戦隊、第二戦隊、第三戦隊（戦艦部隊）は空母部隊に続いて進出し、途中兵力を二隊に分割し、その主隊は空母部隊をはじめミッドウェイ攻略作戦に当たり、分離した艦隊は北上してキスカ島南方約五〇〇マイルに位置して北方作戦の支援を行うこととした。

十八、アメリカ軍空母艦隊捕捉

連合艦隊は、ミッドウェイ島を攻略したならばアメリカ軍空母艦隊は直ちにハワイ方面から反撃に出る公算が大であると判断した。これがため連合艦隊は基地航空部隊の同島への進出を急ぐとともに速やかに当該航空部隊による飛行哨戒を展開する。加えて散開配備を行っている潜水艦部隊をもって、かつ基地航空部隊と潜水艦部隊との連携により急ぎ来攻するアメリカ軍空母艦隊を早期に発見して捕捉するように方針を採った。

決戦兵力の運用

日本軍第一機動部隊の空母部隊及び攻略部隊の決戦兵力はミッドウェイ島近海面にあってアメリカ軍艦隊の状況を得るために待機し、敵艦隊出現の報をもって急速に同島近接して同島航空基地航空兵力との協同攻撃のもと艦隊決戦を行う。艦隊部隊は日本軍空母部隊の後方に位置し、戦術支援を展開する。また戦闘状況の展開次第では北方作戦部隊の決戦兵力の主力を急速南下、戦闘攻撃に参加させる。なおこの水上部隊などが敵艦隊の出現に待機をする所要の期間

ホーネット

ヨークタウン

はミッドウェイ島の応急的防御体制が整うまでの約一週間と見込まれた。

なお敵有力部隊が日本軍の北方作戦海面に出現する場合は、全般状況に鑑みミッドウェイ作戦部隊の適宜兵力を北方海域に進出させ、敵部隊を捕捉撃滅させる。さらに、その他の方面に敵艦隊が出現した場合は、ミッドウェイ作戦および北方作戦の両作戦部隊の適宜兵力をもって敵の捕捉撃滅に当たる。

十九、ミッドウェイ島の防備

ミッドウェイ島においては攻略後当該航空基地の速やかな修復を急ぎ、同基地の航空兵力と航空基地の緊急運用を可能として戦闘機、哨戒飛行艇を進出させて警戒哨戒飛行を開始する。また同時に物件の陸揚げ、陣地の構築を急ぎ特に滑走路の防備を固める。約一週間で当初段階を完成して同島攻略作戦を行った特別陸戦隊を基幹とする防備体制に移行するものであった。

なおサンド島にも飛行艇用離着水面とは別に陸上航空基地の建設を急ぎ、これによって航空兵力の的確な運用とその増強を図ることとした。さらに防備に必要な兵器と資材を急送して防備体制を強化する。そしてこの急送任務を第一艦隊の低速戦隊に付与した。

アメリカ軍の出現について

連合艦隊は、アメリカ軍にとってミッドウェイ島は戦略的高価値を有することから、日本軍が同島を奇襲攻略すればアメリカ軍空母艦隊はその奪還のため間違いなく反撃してくると判断していた。

そしてその時機は同島が攻略された後の公算が大きいと目論んでいた。しかし進撃する日本軍機動部隊等の攻略部隊か占領部隊のいずれかが敵の潜水艦等に発見されることも考えられることから、同島攻略作戦中にアメリカ軍空母艦隊が反撃に現れる可能性もありうると考えていた。

なお、アメリカ軍潜水艦が日本軍の有力艦隊を発見かつ報告してからハワイにある艦隊が出撃準備を完了するまで一昼夜未満とし、当該潜水艦が報告した日本軍艦隊の針路からみて日本軍がミッドウェイ島に向かっていると確証すればアメリカ軍空母艦隊は出撃してミッドウェイに向かうであろう。日本軍は、アメリカ軍が真珠湾を出撃してミッドウェイ海域に到達するまでの所要時間は給油艦の速力や給油時間等を加味して三昼夜と見積もったのである。仮に、五月二十八日夕刻にサイパンを出撃する日本軍艦隊と輸送船団がアメリカ軍潜水艦に捕捉されて所在報告を行い、かつその翌朝に当該艦隊等の進行方位がミッドウェイ島に向けての針路であることの追加報告を行ったならば、在真珠湾のアメリカ軍艦隊は六月一日か六月二日朝までにはミッドウェイ海域に到着することが可能である、と算出していた。

反面、日本軍がミッドウェイ島を攻略してもアメリカ軍が反撃して来ないことも考えられた。しかしアメリカ軍空母艦隊を撃滅することは日本軍にとって必至作戦であり、当該空母艦隊の誘出について検討したが、これ以上の有効な手段に考え至らなかった。

巨大艦船団の発進点について

ミッドウェイ島攻略部隊とその支援、護衛兵力は重巡洋艦四隻、駆逐艦十三隻、輸送船十八隻の他水上機母艦等隻数が多いために艦船団が膨張し、敵潜水艦に発見され易い。特に発進港がサイパンとした場合、各艦船は港外係留もやむを得ない状況が発生し、ますます発見され易くなる。もし、発見されることになれば日本軍にとってミッドウェイ島攻略の意図を察知されることとなる。この機密保持の懸念から連合艦隊は攻略、支援部隊の集合地をトラック環礁とした。その理由は、トラックであればたとえ敵潜水艦に発見されても日本軍が実施している南方作戦の一部としか映らず、ミッドウェイ攻略を企図している判断となりにくく、水深も浅いため対潜防衛についても有利であった。しかし、具体的な作戦準備計画に入る段階で攻略各部隊側の準備が間に合わない事項が判明し、日本国本土により近いサイパンを集合地とした。

疑問がある。

日本軍は真にミッドウェイ島に対する「奇襲」攻略が可能と捉えていたのか。半年前の真珠湾奇襲成功の記憶が戦策を惑わしていなかったか。

二十、山本長官出撃の是非

日本軍最高指揮官である連合艦隊司令長官が出撃することによって現場将兵の士気は高くなる。しかし、遠隔指揮はその無線封止により大きく制約を受けることになる。いずれを選択するかは出撃する部隊規模によるとされる。ミッドウェイ作戦は連合艦隊のほぼ全兵力を出撃させて最高指揮官である山本長官が直率戦場指揮を執ることにした。しかし山本長官の出撃後は秘匿性確保のため無線封止の問題点もあるが前者に決定した。この場合の究極の問題点は、現場指揮官の上級司令部への依存心である。この点について論議されたかは記録として存在しない。

戦訓研究会

連合艦隊は各指揮官を集合させ四月二十八日から三日間、第一段作戦戦訓研究会を、また五月一日から四日間第二段作戦の図上演習を第一段作戦研究会に引き続き戦艦「大和」で行った。第一段の研究会は主として開戦から南方インド洋作戦の戦訓研究会であり、破竹の戦況、戦果報告であった。そして各部隊から一段落気分の報告を得て部隊引き締めのため山本長官は訓示を述べたのである。

山本長官の訓示要旨（参考文献）

「第二段作戦ミッドウェイ攻略作戦、アリューシャン方面攻略作戦は第一段階と全然異なる。今後の敵は準備して備えている敵である。長期持久守勢をとることは、連合艦隊長官としてはできぬ。海軍は必ず一方的に攻勢をとり、敵に手痛い打撃を与える必要がある。敵の軍備力はわれわれの五ないし一〇倍である。これに対しては、つぎつぎに敵の痛いところに向かって猛烈な攻撃を加えねばならない。

これがためわが海軍軍備は一段の工夫を要する。従来の行き方とは全然異ならなければならない。軍備は重点主義に徹底して、これだけは敗けぬという備えをなす要がある。これがためにはわが海軍航空の威力が敵を圧倒することが絶対に必要である。共栄圏を守るのはいつに海軍力である」

この訓示は海軍部内に蔓延する根拠のない良好な戦争見通しに警鐘を鳴らすと同時に連合艦隊の基本作戦方針を示して各部隊の戦争環境整備の方針を示した（出典：防衛研修所『戦史叢書43巻　ミッドウェー海戦』）。

山本長官は戦局はいよいよ決戦段階に入ると判断して第一段階作戦の勝利に一気呵成に次期段階の決戦を押し切るべきと断じていた。

また同長官は早くから航空母艦艦載機及び航空基地航空隊兵力の量的増強を要望していたが飛行機の増産体制の改善はみられなかった。そこで山本長官は海軍の工業力、技術者、工業資材を航空機の増産に徹底投入することについてこれを不満として海軍部中央に迫っていた。しかし、航空兵力、とりわけ艦上爆撃機の開発劣後は事後においてアメリカ軍「Ｆ４Ｆ艦上戦闘機」の格好の標的となり、その戦力格差は致命的な損害をもたらした。

図上演習（砂上の論議）

連合艦隊はこのミッドウェイ・アリューシャン作戦の詳細な計画案を提出し、この案に基づいて図上演習を行った。

この図上演習の想定は大方の日本海軍が一般的に想像する展開であった。つまり、日本軍はミッドウェイ島奇襲攻撃とその成功を旨としていた。そこで当該奇襲成功後におけるアメリカ軍の反撃とその防御措置についての演習であり、日本軍の奇襲攻撃の報告を受けてアメリカ軍空母部隊が出現して空母艦隊決戦となり、日本軍空母に大損害が出て同島の攻略戦闘が困難に陥った。そこで演習統監（連合艦隊参謀長宇垣纏海軍少将）は戦闘審判のやり直しと日本軍空母被害を減じ三隻健在と命じ戦闘続行とした。この演習の審判変更やり直しや空母被害の減隻はいつに最重要な事象であるにもかかわらず、連合艦隊演習統監が、連合艦隊がこのようなことにならないよう作戦指導を行う、と発言したことでそれ以上の事にはならなかったとある。この演習は、あたかも論理的に安定性に乏しくはなかったか。真に砂上の論議であったようにもまた海軍らしい計らいであったように受け止められる。その訳は、前述したように連合艦隊策定ではアメリカ軍空母艦隊はハワイ真珠湾から三昼夜かけてミッドウェイ島に到着すると考察していたものと思われるのである。後述するが本海戦の実態は奇襲を受けたのは日本軍空母艦隊である。

しかし、日本軍の体質、特に知敵機能の低劣化はアメリカ軍の正確な戦力分析も不可能であり、図上演習での実情はこうであったであろうか。

アメリカ軍は日本軍のミッドウェイ島攻略作戦の意図については「暗号解読」によってすでに把握していた。あとはそれがいつであるかを模索していた。

連合艦隊は攻略作戦の直前の五月末に真珠湾の飛行偵察を航続力の長い二式飛行艇で実施してアメリカ軍の空母の所在を確認しようとした。「K作戦」と呼ばれたこの作戦は実現しなかった。

連合艦隊はミッドウェイ島および北方作戦の空襲開始時期を六月七日から六月四日以降に改めた。これは開始の日時に柔軟性を持たせ、アメリカ海軍に日本海軍の作戦行動を判別解明させないための工夫であった。このように連合艦隊はアメリカ艦隊が同島攻略中に進出する時間的余裕を与えないように攻略予定日に帯域幅を持たせたのである。

図演の研究会においては、アメリカ軍空母艦隊が反撃に出てくるのか、出てくるとすればその時機に関しての議論があったが、おおよその意見は、アメリカ軍艦隊が反撃に出ることは必至であること、そしてその時機はハワイ太平洋艦隊がミッドウェイ島空襲の報を受領した後であろうと考えていた。この推察が多勢を占めており、各部隊の思考と判断が極めて断定的であることを懸念した連合艦隊首席参謀（黒島亀人海軍大佐）は、アメリカ軍の反撃の様々な条件や形態を説明してあり得る戦局の固定概念の払拭を促した。またこの研究会で各部隊が最も強く要望したことは、示された作戦準備が間に合わないという理由での作戦実施時期の先延ばしであったが、連合艦隊はこれに応じなかった。

付説　アメリカ軍の出現について

第一航空艦隊参謀の一人は、アメリカ軍は出撃しないであろうという前提を主としていたとの記述もあり、このことは、前提を間違えれば、とりわけ、戦策検討における齟齬が生起しかねない。

ミッドウェイ・アリューシャン作戦発令

防衛研修所『戦史叢書43巻　ミッドウェー海戦』より抜粋。

大本営海軍部は五月五日大海令第十八号により両地攻略の命令を伝達し、これに伴う軍令部総長の指示を行った。

大本営海軍部
昭和十七年五月五日　奉勅　軍令部総長　永野修身
山本連合艦隊司令長官ニ命令
一　連合艦隊司令長官ハ陸軍ト協力シ「ＡＦ」及「ＡＯ」西部要地ヲ攻撃スベシ
二　細部ニ関シテハ軍令部総長ヲシテ指示セシム（筆者注：「ＡＦ」はミッドウェイ島、「ＡＯ」はアリューシャン列島の地名略語である）

大海令九十四号
昭和十七年五月五日
軍令部総長永野修身
山本連合艦隊司令長官ニ指示
大海令第十八号ニ依ル作戦ハ別冊「ＡＦ」作戦ニ関スル陸海軍中央協定竝ニ「ＡＯ」作

戦ニ関スル陸海軍中央協定ニ準拠スベシ

別冊

「ミッドウェイ」島作戦ニ関スル陸海軍中央協定

一　作戦目的

「ミッドウェイ」島ヲ攻略シ同方面ヨリスル敵国艦隊ノ機動ヲ封止シ兼ネテ我ガ作戦基地ヲ推進スルニ在リ

二　作戦方針

陸海軍協同シテ「ミッドウェイ」島ヲ攻略シ海軍ハ急速同島ノ防備ヲ強化スルト共ニ航空、潜水艦基地ヲ整備ス

三　作戦要領

1　海軍航空部隊ハ上陸数日前ヨリ「ミッドウェイ」島ヲ攻撃制圧ス

2　陸軍ハ「イースタン」島、海軍ハ「サンド」島攻略ニ任ジ別ニ海軍単独ニテ「キュア」島ヲ攻略ス

3　攻略完了後概ネ一週間以内ニ陸軍部隊ハ海軍部隊掩護ノ下ニ「イースタン」島ヲ撤収シ同島等ノ守備ハ海軍之ニ任ズ

4　海軍ハ有力ナル部隊ヲ以テ攻略作戦ヲ支援掩護スルト共ニ反撃ノ為出撃シ来ルコトアルベキ敵艦隊ヲ捕捉撃滅ス

四　指揮官竝ニ使用兵力
　1　海軍
　　指揮官　連合艦隊司令長官
　　兵力　　連合艦隊ノ大部
　2　陸軍
　　指揮官　一木支隊長　陸軍大佐　一木清直
　　兵力　　歩兵第二八連隊
　　　　　　工兵一中隊
　　　　　　連射砲一中隊
五　作戦開始
　六月上旬乃至中旬「アリューシャン」作戦ト略同時ニ本作戦ヲ開始ス
六　集合点及日時
　上陸部隊及援護隊ノ集合点ヲ「サイパン」ト概定シ日時八月二十五日頃トス
　陸軍部隊乗船地ヨリ集合点ニ至ル航海ハ海軍之ヲ護衛ス
七　指揮関係
　1　集合点集合時ヨリ第二艦隊司令長官ハ作戦ニ関シ陸軍部隊ヲ指揮ス
　2　上陸及上陸戦闘ニ於テ　陸軍部隊及ビ海軍陸戦隊同一箇所ニ作戦スル場合ハ　作戦ニ

　関シ高級先任ノ指揮官之ヲ指揮ス
八　通信
　AL、MI、F作戦通信ニ関スル陸海軍中央協定ニ拠ル
九　輸送及補給
　陸軍部隊ノ一部輸送ノ為海軍ハ作戦期間輸送船一隻ヲ供出ス
一〇　使用地図、海図
二〇一七号海図トス
一一　使用時
中央標準時トス
一二　作戦名称
「本作戦ヲMI作戦と呼称ス」

「アリューシャン」群島作戦ニ関スル陸海軍中央協定

軍令部総長の「ミッドウェイ」島作戦指示における作戦目的は要地攻略が第一目的である。次いで同方面より来るアメリカ軍空母艦隊の機動を封止、そして作戦要領においてこのMI作戦の本質を明確に示している。つまり、作戦目的の項において海軍部としては本作戦の主目的

である「敵艦隊の捕捉撃滅」を指示致したいところであるが、大方の予想は日本軍が「ミッドウェイ島」を攻略した後にアメリカ軍空母艦隊が出現、反撃に出てくる公算が大きいとのことであり、作戦の目的を示す段階ではミッドウェイ島攻略前での敵アメリカ軍空母艦隊の出現は必至でなかった（なぜ必至でなかったのか）。従ってこの作戦思想が第一航空艦隊（以下一航艦）の作戦目的であるべきであり、合戦観を損ねたと思われる。それでも海軍部が連合艦隊に対してあくまで本作戦の目的が敵アメリカ軍空母艦隊の捕捉撃滅であることを示すために、海軍部としては作戦要領の第四項において「捕捉撃滅」を謳ったと思われる。むしろ謳わざるを得なかったと思われる。しかし、この主目的が、連合艦隊各部隊に対して円滑に伝達されたのか、そして同レベルでの認識は得られたのか。

少なくとも敵艦隊必滅の命令は伝わっていない、と評する。

なぜなら一航艦の司令部スタッフ全員がアメリカ軍空母艦隊は「必ず」出現すると思い切れていなかった「出現考えずとした」という回顧もある。

二十一、知敵手段の見込み不全

連合艦隊は、作戦命令、指示についてマーシャル諸島クェゼリン島において第六艦隊司令部（第一潜水隊・第三潜水隊）および第十一航空艦隊第二十四航空戦隊司令部（陸上航空基地航空隊）と意見交換を行った。これにより重要な二つについて検討を要することが判明した。その第一は、連合艦隊が予定していた知敵手段のうち、潜水艦の散開は六月六日より五日間の前倒しが難しいことであり、また、敵艦隊出現の可能性の高いミッドウェイ島の北東海面を含む飛行哨戒が発進基地の位置関係から実施困難となったことである。そしてこの打ち合わせの中で判ったのは、連合艦隊は二式飛行艇の哨戒飛行可能距離を一四〇〇マイルとしていたが、実際は最大一二〇〇マイルということであった。

出撃前夜の作戦指導

五月二十五日、連合艦隊はMＩ作戦における艦隊戦闘の図上（兵棋）演習および作戦打ち合わせを行い、連合艦隊司令部参謀および第一機動部隊並びに攻略部隊の主要指揮官との意思統一を図った。

連合艦隊としては本演習を極めて重要視し、作戦指導の腹案を明らかにした。演習は、ミッドウェイ島攻略の翌日の情勢から開始された。情勢は青軍（日本軍）はミッドウェイ島北方に日本軍第一機動部隊とその西方に山本長官直率の主力部隊、赤軍（敵）は、ハワイ島の東南四五〇マイルに主力部隊および空母部隊があって西方に急進中の状況で立ち上げられた。

日本軍会敵想定図は別図のとおりである。

航空戦は、青軍は空母一隻沈没、二隻損傷、赤軍は、全空母（二隻）沈没の結果となった。研究会では、赤軍がハワイ、ミッドウェイ間線上の南方に出現すると現計画で飛行哨戒が薄くなること、また無線封止によって友軍の所在位置が判らないことになる等の他に、山本長官直率の主力部隊の位置が第一機動部隊と後方に離れすぎており機動部隊を支援するに不適当との意見も出された。同じく出された意見として、ジョンストン島を攻撃することによって敵艦隊を誘出するにそれを促進することになるとの意見もあったが、敵の進出経路としては現判断が適切であるとされた。連合艦隊内にはアメリカ艦隊が反撃に出てくるのかどうか、出るとしたらいつどの方面に、そしてその経路はどこからかとの観点からの設問が出ていた。前述のとおり、その出現は日本軍がミッドウェイ島攻略の後であろうとの空気が浸透支配していた。したがって研究会討議の主議題は「どうやってアメリカ空母艦隊を誘出するか」であった。

あくまでも、アメリカ軍空母艦隊は「ミッドウェイ島攻略後、真珠湾からの出撃」以外は考

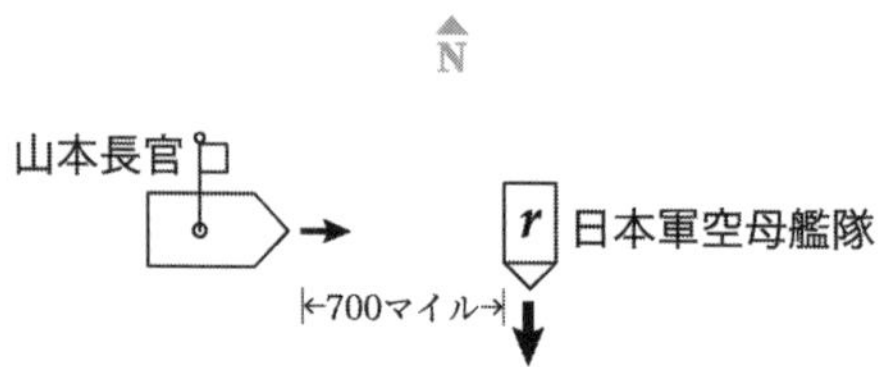

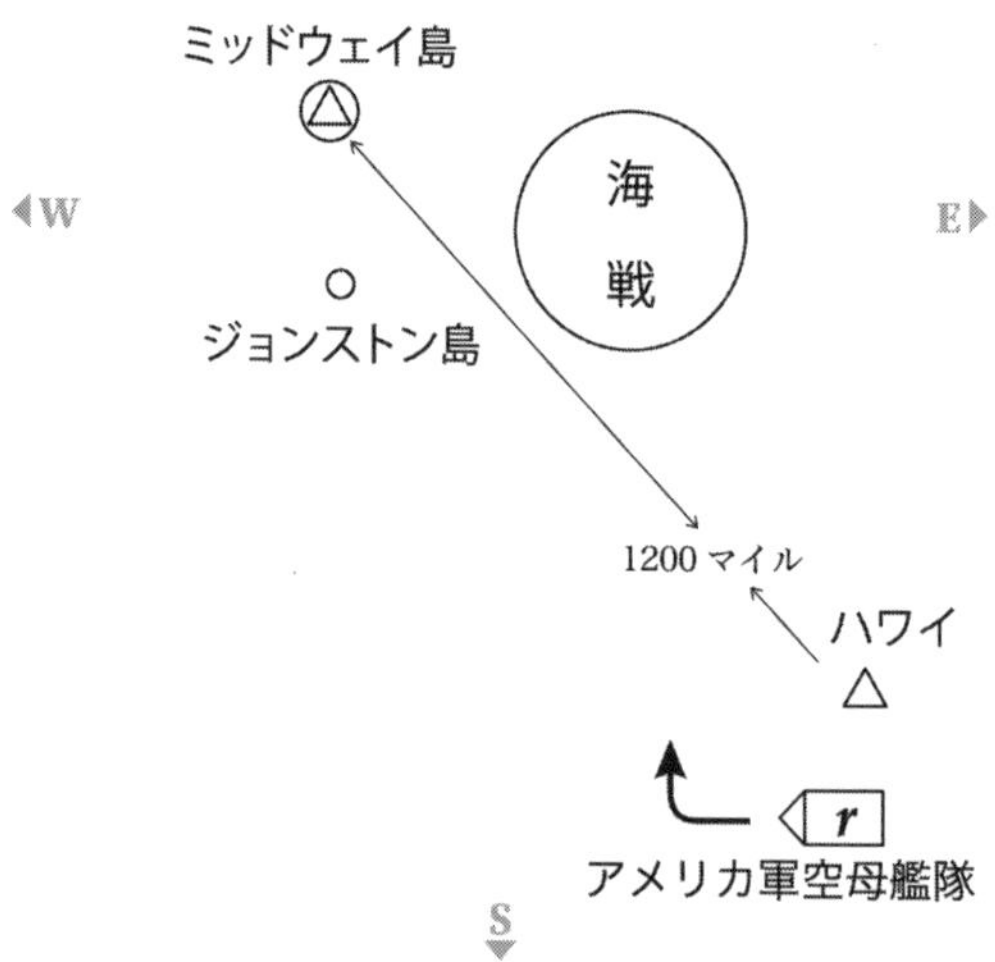

日本軍の会敵想定図

防衛研修所『戦史叢書43巻　ミッドウェー海戦』

えられず部隊への作戦指導もその一筋であったのである。

参謀の中には、これ以外のアメリカ軍の出撃進路を主張する者もあったが、それがどうして表に出なかったのか。戦略の構築のシステムの不思議さが存在する。

「厳しい戦局は、この固定観念の産物か」と思いたくない。

二十二、第一機動部隊及び第二機動部隊の行動指導

混迷

連合艦隊は、東京空襲の再来を防止するため万難を排しての作戦実施に集中した。つまるところドーリットル東京空襲によって連合艦隊の面子は低下し、何が何でも敵アメリカ軍空母艦隊の撃滅を果たすべく努力したのである。

その中で、海軍部及び連合艦隊は、依然として五月五日に大本営軍令部総長から指示がなされた本作戦の主目的の取り扱いについて「混迷」していた。海軍部は連合艦隊のたっての希望である本作戦を容認したものの、アメリカ軍空母艦隊の捕捉撃滅を作戦目的に加えることは、敵が反撃に出ることが明白である場合の他においては不適当であると判断していた。従って海軍部はミッドウェイ島の攻略と警戒基地の確保前進を主目的とし、作戦要領第4項として「反撃の為出撃シ来ルコトアルベキ敵艦隊ヲ捕捉撃滅ス」を示したのである。また海軍部もドーリットル東京空襲による痛撃によって、本作戦の方針等を変更することこそなかったが、ミッドウェイ作戦の重要度を一段と引き上げを急ぐ必要性を強く感じていた。

連合艦隊は、五月二十六日、作戦計画の一部の訂正を行い当該計画の最終決定を下した。

ここで作戦準備に関する重要な不具合が生起した。日本海軍は、南方（インド洋）作戦の展開中にミッドウェイ作戦計画の最終決定を行った。その時点で東南アジア、主としてマレー半島（イギリス領）攻略作戦中の日本陸軍の支援を行っていた第二艦隊（第四、五、七、八各戦隊）及び一航艦（第一、二、三、四各航空戦隊）は、作戦計画決定の場に不在であった。両艦隊は帰還後大本営海軍部から初めて次期作戦計画の説明を受けた。説明は海軍部の企図する作戦の内容であったが、四月十八日、ドーリットル東京空襲から約一週間後の直近でありアメリカ軍空母の行動、特に再度の日本国本土への来襲を防止するため、アメリカ海軍空母への哨戒基地を前進させる意図が明らかであり、この説明を受けた両艦隊の司令部は、ミッドウェイ作戦の主目的は「同島の攻略」であると受け止めたのである。日本海軍において前述した第二艦隊及び一航艦はミッドウェイ作戦の最主要戦隊であったことは申し述べるまでもない。

連合艦隊は麾下部隊がミッドウェイ作戦の主目的を正しく理解をしていないと判断した上で図上演習研究会を通じて作戦命令の確実な通達を図った。連合艦隊は出撃直前に帰還した両艦隊に対しても説明を尽くした。そこで同作戦の主目的は麾下に徹底できたと「判断」したのである。

しかし、当該作戦主目的に対する各部隊の混迷は続いた。

この混迷は大本営から出された作戦指示中にあった。作戦目的には①「『ミッドウェイ』島ヲ

攻略シ　②同方面ヨリスル敵国艦隊ノ機動ヲ封止シ……」とあり解釈として①の文面が主文となることは否めないのである。甚しくは麾下部隊の中には連合艦隊司令部が解釈を間違えているのではと考える者さえいたといわれている。

連合艦隊はミッドウェイ作戦の意図を麾下に徹底できなかったのである。

凌駕の勢い

一九〇五年、大日本帝国海軍連合艦隊が日本海海戦においてロシア艦隊に勝利した明治以降大正期に至るまでの間、日本海軍は戦闘勝利の基礎を大艦巨砲戦としてきた。大正七年に初代空母「鳳祥」の建造が計画されたものの、海軍の主要部は日露海戦の水上打撃戦による勝利以外の戦備には目を向けることは少なかった。しかし、昭和期に入り海戦の様相は、アメリカ合衆国、イギリス等西欧の国々からの変容が著しく、日本海軍でも昭和十年期に入って大型空母が建造された。しかし日本を想定主要敵国とみなしていたアメリカ合衆国海軍のシーパワーには到底及ばず国家防衛上の不安は高かった。これをどうにかするための対英米国に肩を並べる軍備と言えば海軍軍人の個々の質の向上であった。この質は海軍航空将兵の戦術力であった。特に戦闘機、爆撃機及び攻撃機の搭乗員の戦闘能力のことである。

日本軍は、特にアメリカ海軍空母艦載機との戦闘における結果について不安を抱いていた。

ところが交戦してみると日本軍航空部隊は真珠湾及び南方作戦においても強力な戦力をみせつけ、アメリカ軍及びイギリス軍のそれを凌駕していることが判った。特に日本軍空母部隊の戦力は世界無比と自負された。

しかし、そこには極めて重大な過誤と不遜が存在した。

さらにアメリカ軍きっての米空母部隊飛行隊の技倆が日本軍と比較して決定的に差があることが判ってきたのである。続いてニューギニア・ポートモレスビー攻略戦の珊瑚海海戦において空母相互間の激戦が行われ、アメリカ軍側正規空母「レキシントン」及び「ヨークタウン」が出撃、日本軍は空母、四航戦から軽空母「祥鳳」、五航戦から「翔鶴」及び「瑞鶴」が出撃、相方空母群撃滅戦を実施して日本軍の被害は軽空母一隻（「祥鳳」）撃沈、正規空母「翔鶴」中破、「瑞鶴」無傷に対し、アメリカ軍には「レキシントン」撃沈、「ヨークタウン」中破を与えた。この空母対決は、戦術的には日本軍の大勝利の報知があった。それよりも熟練搭乗員の多い第一航空戦隊及び第二航空戦隊の搭乗員達は戦果を上げて帰還した「翔鶴」及び「瑞鶴」搭乗員に対してあざけった。その背景には、そもそも第五航空戦隊は開戦三カ月前の九月に実戦配備をされ搭乗員の空戦、爆撃及び雷撃の技倆が低くまだ未熟であった。第一、第二航空戦隊の空母搭乗員は、陸上攻撃の任務を主とする彼等に対して差別意識を持っていた。そしてまた、一、二航空戦隊搭乗員の技倆をもってすればアメリカ軍空母など相手にもならないと公然と述べ、報告された第五航空戦隊の大勝利（戦術）を下等の勝利と軽んじた。

このようにして第一航戦、第二航戦の搭乗員は自己の戦力を自負して次第に最も慎しむべき歴史的敗者の通例とも言える「うぬぼれ」に陥っていったのである。加えてこの驕りは連合艦隊の内外に蔓延していったふしが某回顧録に見られるのである。

不会敵判断予測

五月初め、連合艦隊は、アメリカ軍空母は三隻又は四隻程度が太平洋に在ると予察していたが五月八日の珊瑚海海戦で「レキシントン」を喪失していた。また「ヨークタウン」は中破であった。その状況の中で五月十五日にマーシャル諸島南方を西航する二隻の正規空母を日本軍哨戒機が発見した。にもかかわらず日本軍はアメリカ軍空母は南太平洋に在るものと推察し彼らはシドニー又はサモア方面に退却したものと判断した。そこで連合艦隊は、日本軍がミッドウェイ島攻略を行っても太平洋に残存する敵空母は反撃が間に合わず、ミッドウェイ方面に出現するのは不可能ではないかと断じたのである。

連合艦隊は図上、兵棋演習においてはミッドウェイ島攻略の翌日にハワイに在るアメリカ軍機動部隊が反撃のために出撃してくる公算が大であると判断した。その上で、その研究会は「敵機動部隊が反撃に出てくれば、これを撃滅するに尽る」としている。要するに連合艦隊としては敵の反撃の可能性は極めて低いと断言したのも同様である。日本軍第一機動部隊に対して連合艦隊が指導したミッドウェイ島攻略中における敵艦隊出現対応については万一の反撃に備えるための指導であった。

二十三、出撃（以降ミッドウェイ時刻）

日本軍はミッドウェイ作戦の主目的の解釈について、海軍部内に齟齬を抱えたまま出撃の日を迎えた。

一方アメリカ軍第十六任務部隊司令官スプルーアンス海軍少将は、太平洋艦隊司令長官チェスター・ニミッツ海軍大将の作戦命令についてその多くの意味を再確認した。

スプルーアンス海軍少将はニミッツ海軍大将から二つの命令を与えられていた。彼が受領した文書命令の内容は「日本軍を迎え撃ってこれを撃破せよ」であり、ニミッツ大将はスプルーアンス海軍少将に念押しをした。それは、スプルーアンス海軍少将の率いる艦隊が打撃を蒙るようなことがあってはならない。そしてもし戦況が不利になったならば退却して日本軍がミッドウェイ島を占領するままにせよ、というものであった。このことは既述した。

スプルーアンス海軍少将は、日本軍がミッドウェイ島を占領してもこれを維持できないし、後で取り返せばいいことだと理解していた。

しかし、スプルーアンス海軍少将の率いる空母艦隊の任務はこの上なく重大であった。空母「エンタープライズ」及び「ホーネット」は敵空母四隻から五隻よりなる巨大艦隊を迎え撃うち撃破しなければならない。アメリカ軍空母艦隊がこの海戦に敗れることがあればその影響は測り知れないダメージとなることが予測された。この太平洋艦隊が敗退すれば日本軍による第二のパールハーバーが実施されることになると予測がなされ、彼は必至の迎撃の意志を固めていった。

またアメリカ国内新聞は近く日本軍がアメリカ本国西海岸に侵攻してくるのではないかと報じてもいたのである。

それでもスプルーアンス海軍少将は冷静に思考をめぐらせ、「攻撃目標は空母」と断定した。スプルーアンスとその参謀たちは、五月二十八日出撃後彼らがとるべき戦略、戦術についての立案に入った。その立案の基本を「奇襲」とした。つまり日本軍空母艦隊がアメリカ軍空母艦隊を発見するより早くアメリカ軍が日本空母艦隊を発見し、秘匿性をもって行動し先制攻撃をかけることである。発見したならば速やかに味方航空部隊艦載機の全力をもって敵の空母を撃滅すること、この日本軍空母艦隊の撃滅を至上の選択であると決定した。その他の艦艇に対しては攻撃を加えて損害を与えても目標が散在して単に損害を与えたにとどまり、一時的に避退するがまた戦場に現れることになるとの見解を基本とした。その上で敵の空母を撃沈して少ない兵力でも残存しておればこれらの少数兵力を集中運用を実施、戦艦及び巡洋艦を撃沈するとの考えも示した。

スプルーアンス海軍少将の作戦計画は危険を伴う戦術であったが、敵空母群を撃沈するために兵力の集中運用と先制攻撃「奇襲」に大きな成果が期待できた。彼はアメリカ軍空母艦隊にとって生き残る戦術は、奇襲攻撃に成功、一撃を加えて全戦力を一挙に集中させ敵空母を撃沈することに限られていると考えていた。そうすれば敵は攻撃ができなくなる。しかし、日本軍空母艦隊がアメリカ軍空母艦隊を先に発見したとしたら日本軍数百機の敵艦載機がアメリカ艦隊の上空を覆い尽くし圧倒してしまうだろうと思っていた。アメリカ軍は日本軍の空母艦隊に強い恐怖を感じていた。

スプルーアンス海軍少将率いる空母艦隊が日本軍空母艦隊から先に発見されることを何としても防がなければならなかった。そのためにアメリカ軍機動部隊に無線封止を命じた。このことによって日本軍はアメリカ軍がどこにいるのかが判明しないで敵艦を求めて彷徨（さまよ）うことになると思っていた。この無線封止によりアメリカ軍空母搭載機が母艦の位置を確認できずにいる飛行機に当該母艦の位置を知らせる必要があっても、いかなることがあろうとも、いかなる者であろうとも、無線を使用してはならない。最後に結果として戦いに勝利するためには、まず敵に自己の所在を秘匿するための無線封止の厳守を命じた。また彼は戦いに勝利するためには「奇襲」に成功し、かなりの幸運にも恵まれることが成功の要件であることも分かっていた。しかし、彼は幸運を頼りにはしなかった。

スプルーアンス海軍少将の作戦構想では、彼は可能な限り空母を後方に配置し（※日本軍との作戦思想の相違）、空母艦載機の全兵力を集中して日本軍の空母を仕留める決心をしていた。

ただし戦闘が長引けば空母多勢の日本軍が断然有利となり敗退することとなる。この戦いは空母を喪失しての退却は許されない。空母は絶対に失ってはならない。空母の保存は全てに優先するとしたニミッツ海軍大将の命令書と共に自らの使命感が冷静(クール)なスプルーアンス海軍少将の胸の奥を通り過ぎた。

第十六任務部隊を指揮するスプルーアンス海軍少将は、間もなく決定しなければならない重大な決心について自らが準備を開始した。

五月二十八日夜、第十六任務部隊はハワイ真珠湾を出撃した。スプルーアンスは第十六任務部隊各艦に対して指向信号灯により次の命令文を発信した。

「日本軍はミッドウェイ島占領の目的をもって我が軍に攻撃致さんとしつつある。敵は、空母四隻ないし五隻を中心としてあらゆる型の艦船をもって来航しているものと思われる。もし我十六、十七機動部隊の位置を敵に知られることがなければ我々はミッドウェイ島の東北方位の位置から（地点）敵空母部隊の左側面に対して奇襲攻撃を加えることができるであろう。

今まさに開戦の火蓋が切って落とされようとしている。この戦いの勝利は我が国にとって偉大な価値となる。」（参考文献：*The Quiet Warrior*）

五月三十一日、第十六任務部隊は給油を済ませると、予定されたミッドウェイ島の東北面三二五マイルの位置に就いた。この時点で太平洋艦隊司令長官チェスター・ニミッツ海軍大将は、日本軍が大挙してミッドウェイ島及びアリューシャンの占領を企図していることを知るとともに、この二つの攻略作戦は同時に進行していることを確認していた。またミッドウェイ島への侵攻において日本軍空母機動部隊は同島の北西方向から進入してくるものとの予想を固めていた。

六月二日午後半ばすぎ、第十七任務部隊指揮官・フレッチャー海軍少将が珊瑚海海戦で中破、パールハーバーのドックに入渠し当初三カ月間と言われた応急修理を三週間の突貫で戦力化を終えた空母「ヨークタウン」とともに到着した。フレッチャー海軍少将はスプルーアンス海軍少将に対して指揮下の第十六任務部隊をフレッチャー指揮下の第十七任務部隊の可視範囲であるそれの南方十マイルに位置させ、第十六、十七両部隊に無線封止の中で円滑な作戦連携通信ができる視覚信号の主用を命じた。

当時アメリカ海軍は、作戦時において空母相互間の距離間隔は集中するよりも散開独立して作戦行動を採るのがよいとされていた。従って第十六任務部隊の「エンタープライズ」及び「ホーネット」そして第十七任務部隊の「ヨークタウン」は、それぞれの距離間隔を十マイルとして散開して空母の機動性を生かし、かつ敵艦載機から受ける攻撃の目標を分散させる陣形を採ったのである。その陣形は戦況によって前後左右に拡幅縮小といった柔軟性を持たせた。そして肝心の位置関係は原則可視距離を厳守させたのである。

日本海軍は空母相互間の距離間隔についての教義（ドクトリン）は定まっていなかったが本海戦に望む出撃直前の兵棋、図上演習では結論は示されていなかった。基本的には勿論「指揮官」の判断であった。

四月末の研究会において一撃をもって勝負を決するのが第一航空艦隊（第一機動部隊）の用兵思想であることは既述のとおりである。この用兵思想は長年の間一本勝負の艦隊決戦の方針であり、一本勝負という思想が日本海軍将兵の持論となっていた。

空母相互間の距離と間隔について

開戦時の真珠湾奇襲作戦においては、長距離の隠密作戦を採ることに加え天候の厳しさもまたこれに味方して、六隻の空母の集団運用がなされ全く問題はなかった。しかも天候の厳しさは攻撃の兵力集中にとって有利であった。第一機動部隊はその後も集団運用を継続していたが、この運用が危険とする「航空攻撃」を受けた経験はなくもなかった。ここに珊瑚海海戦の経験は見逃された。

第一航空艦隊航空参謀は、空母を集団運用することによって防空戦闘機を近距離に多数配備できるので敵の航空攻撃の防禦が可能であると考えていたものと思われる。またこの用兵思想には空母をある程度分散させるべきとの議論は当然存在した。そして議論されたのである。この二つの戦術のいずれを採るか決めるのは第一機動部隊指揮官・南雲忠一海軍中将である。

日本軍第一機動部隊は五月二十六日〇七〇〇（ミッドウェイ時刻）第十戦隊「長良」を先頭

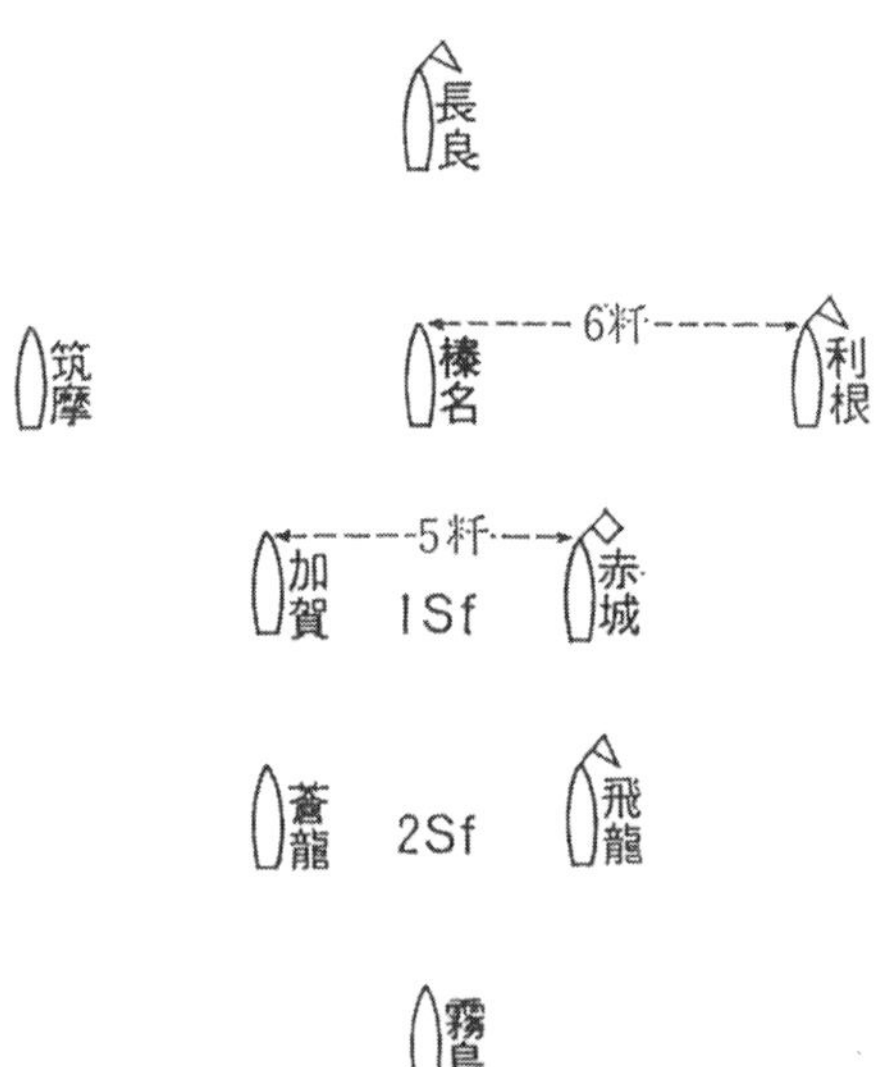

日本軍第一機動部隊第五警戒航行序列（24ノット）

6月3日9時本序列発令（攻撃隊発進点へ）
出典：防衛研修所『戦史叢書43巻　ミッドウェー海戦』

に柱島泊地を出撃した。第一機動部隊は戦艦二隻、重巡二隻、軽巡一隻及び駆逐艦十一隻に護衛された第一航空戦隊「赤城」「加賀」、第二航空戦隊「飛龍」「蒼龍」の四隻の空母により編成されミッドウェイ島に向けての航行経路をとった。ミッドウェイ島攻略飛行機隊の発艦予定はミッドウェイ島から北西二五〇マイル地点である。航行中の空母相互横間隔は三マイルないし三・二マイルにされ前後を駆逐艦、巡洋艦、戦艦及び潜水艦で空母艦隊を護衛し進行した（第五警戒航行序列別図）。

六月三日早朝、アメリカ海軍第十七任務部隊フレッチャー海軍少将は空母「ヨークタウン」及びその巡洋艦からそれぞれ偵察爆撃機及び水上偵察機を発進させた。アメリカ軍両任務部隊は最高度の警戒態勢をとった。アメリカ軍は、万が一にも日本軍にアメリカ軍の空母艦隊の所在位置を捕捉されたならば戦闘の主導権を日本軍に握られ、たちまち攻撃を受けることになる。このような緊張感は参謀や士官達のみならず将兵全般に充ちていた。艦艇のレーダー捜索によって敵の機影を見過ごすことがないように総員が機敏に任務を遂行した。

六月三日午前後半、ミッドウェイ島を発進した哨戒機がミッドウェイ島の西南西七〇〇マイルの地点をミッドウェイ島に向かって航行する日本軍上陸部隊と思われる船団とその護衛艦隊を発見した。ニミッツ海軍大将はこれを予想しミッドウェイ基地海軍航空部隊司令シリル・T・シマード大佐に対して飛行艇及び偵察ドーントレスによる西方、西南方位の索敵厳重を命じていた。この船団と護衛艦隊の発見は、日本軍がミッドウェイ島に向かっていることは確かであり、フレッチャー海軍少将とスプルーアンス海軍少将は、ニミッツ海軍大将の予測が正しかったことを確信していた。さらにニミッツ海軍大将は第十六任務部隊出撃前の五月二十七日、第十六任務部隊及び第十七任務部隊相互の作戦打ち合わせにおいて日本軍空母艦隊は同島の西北西の方向から攻撃してくるものと予測していた。また、ミッドウェイ島から発進した飛行艇偵察機が日本軍の同島への上陸部隊を発見した時点において彼はミッドウェイ島攻略部隊である日本軍空母艦隊はその翌日つまり六月四日早朝、同島の西北西の方向から同島を攻撃してくると断定した。これら日時及び進入方向を予測する基礎データは日本軍上陸部隊（輸送船等）の現在位置、ミッドウェイ島までの距離、輸送船の最大速度、風向風速による。同島到着見込みを六月六日と判断した上で日本軍空母部隊の出現時刻とその位置を予測断定した。

日本軍空母艦隊（第一機動部隊）はミッドウェイ島への進攻経路について最良の選択であった。つまり空母にとって飛行機の発着艦は必ず向かい風でなくてはならない。これは空母の飛行甲板は長さが、「蒼龍」二一六・九メートル、「赤城」でも二四九・二メートルであり、向かい風を利用して飛行機の発着艦に必要な滑走距離を補完していることによる（合成風速二十三ノット以上）。

日本軍空母部隊は飛行機隊の発艦に都合の良い東南の風を正面に受けてミッドウェイ島を攻撃できるし、また母艦に収容する飛行機隊も進撃の方向性を失うことがない。実際の気象概況においては、ミッドウェイ島付近は南東風であった。

この予測に基づいてアメリカ海軍第十六、十七任務部隊スプルーアンス海軍少将及びフレッチャー海軍少将は、日本軍空母艦隊の左側面からの攻撃をかけるべき位置に自らの部隊を移動させた。

しかし、この時点で日本軍空母艦隊は現認されていたわけではなかった。これはあくまでニミッツ海軍大将の予測に基づく行動であった。

スプルーアンス海軍少将とフレッチャー海軍少将にとって今現実に生起しているのは、日本空母艦隊がミッドウェイ島に近づきつつあることであった。そして、この二人の指揮官にとって最も警戒すべきことは日本軍によるアメリカ軍空母艦隊への「奇襲」であった。

彼等二人の指揮官は、敵によるアメリカ軍空母艦隊への「奇襲」の可能性を排除すべき方策をとった。

フレッチャー海軍少将は奇襲を受ける可能性を詮索の上で日本軍艦載機による「奇襲」排除のため日没の少し前及び翌朝日本軍が奇襲をかけてくる方位を予測して空母「ヨークタウン」から北方（半円一八五キロ）に向かって索敵哨戒機十機を発進させた。

二十四、会　戦

六月四日明け方は好天であった。

日本軍空母艦隊（第一機動部隊）「赤城」「加賀」「飛龍」及び「蒼龍」の各空母から零戦三十六機、九七艦攻三十六機及び九九艦爆三十六機合わせて一〇八機がミッドウェイ島に向けて発進した。発進時刻六月四日午前四時三十分、指揮官、航空母艦「飛龍」飛行隊長・友永丈市海軍大尉（後中佐）。爆装八〇五キロ陸用爆弾。

この「宿命の日」六月四日夜明け午前四時すぎ、四時五十七分日の出、気温二十度、風向南東から風速三ノット、視界六十五キロないし七十五キロ、視界が良すぎる。アメリカ軍哨戒機による発見探知が危ぶまれた。

アメリカ軍索敵機日本空母発見

六月四日午前五時すぎにミッドウェイ島から発進した偵察飛行艇（ＰＢＹ）は哨戒すべき扇形海面の偵察を終えちょうど引き返す時刻となっていたが、操縦士ジャック・グレード少尉はあと数分だけ前方哨戒を決め北西に飛行していた。視界は良好、七十キロ先までの海面を眼下にしていた。彼は自らの受け持ちの扇形海面の末まで飛行していた。突然、艦船群が前方の視界に入った。彼は三十秒程その艦船群を凝視し大きく息を吸って「敵空母」とつぶやいた。さらに彼は副操縦士に確認させた。副操縦士は「敵空母」と返事した。

若干の雲を使って日本軍艦隊からの発見を防ぎミッドウェイ基地にこれを報告した。

「敵空母発見」

アメリカ軍第十六任務部隊指揮官スプルーアンス海軍少将が空母「エンタープライズ」作戦室のスピーカーから流れるこの情報を傍受した。

しかし、日本空母艦隊が近くにいることは判明したが位置の報告がない。その位置はどこだろう。

五時四十五分、別の哨戒機が「敵飛行機隊が多数ミッドウェイ島に向けて飛行している」と報告してきた。

この報告によってこの艦隊は日本軍空母艦隊に間違いなく、アメリカ空母艦隊の西方の海上のどこかにいることが判明した。しかし、ミッドウェイ島からの方位と距離の報告がなく情報は不完全であった。アメリカ軍空母部隊としては戦闘が間近いことが確実であり「ヨークタウン」「エンタープライズ」「ホーネット」は発艦準備を終えていた。依然として敵艦隊情報は不完全であった。アメリカ軍第十六、十七任務部隊司令部は過度の緊張感に満ちていた。その緊張感は時間の経過と共に日本軍空母艦隊によって「奇襲」を受ける可能性を憂慮するものであったが、フレッチャー海軍少将及びスプルーアンス海軍少将は敵飛行機隊が多数ミッドウェイ島攻撃に向かっていること、そして日本軍空母艦隊がアメリカ軍の西方にいることからすれば今や「奇襲」はないと判断していた。それでも司令部参謀は新たな日本軍空母の位置情報を求めて焦燥感で爆発しそうな興奮を覚えていた。

六月四日六時三分、哨戒機からの索敵情報が作戦室スピーカーから流れた。

「敵空母二隻と戦艦が高速でミッドウェイ島方向に進行中」「位置、ミッドウェイ島から北西一八〇マイル」

この発見報告によってスプルーアンスとその参謀達に安堵とどよめきが起きた。参謀達は興奮して海図に日本軍の位置を印していたが、作戦室に落ち着きが戻ったときスプルーアンス海軍少将は作戦参謀に「接敵報告」を求めた。だが、その位置情報の検証が重要であった。作戦参謀は迅速に検証を済ませた。そこでスプルーアンス海軍少将は、「味方の空母部隊」と「敵空母部隊の位置」について、さらに「ミッドウェイ島」からの「敵空母部隊の位置」について距離と方位を確認した。彼は自前のチャートにそれぞれの位置情報を書き込み、味方の部隊の位置と敵との方位距離を測定し確かめた。「敵空母と味方空母」の距離は約一七五マイルであった。この距離はアメリカ軍の「雷撃機（ＴＢＤデヴァステイター）」の「帰投可能最長距離」である。スプルーアンス海軍少将は、現在の味方部隊と日本軍空母部隊の間の距離が雷撃機（TBD）の帰投範囲であることを確認すると『攻撃開始』と命じた。

　この命令は、「エンタープライズ」全艦内に拡声機を通じて達せられると同時に十マイル南を航行中の「ホーネット」に発光信号で伝達、フレッチャー海軍少将指揮の「ヨークタウン」にその旨が通知された。スプルーアンス海軍少将の判断とその命令は或る意味において賭けであったが、アメリカ軍機動部隊指揮官であるフレッチャー海軍少将はこれに同意した。さらに彼は、アメリカ軍機動部隊空母三隻の上空のパトロールを実施して艦隊直衛を担う戦闘機隊、さらには艦隊の北方に向けて偵察機隊を発進させて万全を期した。

　フレッチャー海軍少将は六月二日「ヨークタウン」の応急修理を完了し、第十七任務部隊指揮官として真珠湾を出撃した。スプルーアンス海軍少将率いる第十六任務部隊に合流し敵奇襲に備えた緊急発艦待機及び「エンタープライズ」「ホーネット」各空母の配置を指示確認した後の空母「ヨークタウン」を含む空母運用をスプルーアンス海軍少将に一任していた。フレッチャー海軍少将はスプルーアンス海軍少将より先任の海軍少将であり、この二つの機動部隊を合わせた戦術全般について指揮を執ることになっていた。しかしフレッチャー海軍少将はこれら三隻の空母をいかに合理的に運用して日本軍空母艦隊を打ち破るのかが最大の課題であり、その成功のためには自らが率いる空母「ヨークタウン」、スプルーアンス海軍少将が直接率いる「エンタープライズ」と「ホーネット」の三隻の機動運用をスプルーアンス海軍少将に「任せ切って」、彼自身はその機動運用を成功させるための索敵、艦隊護衛を徹底的に実施することとした。そしてニミッツ海軍大将はこのフレッチャー海軍少将の意見を了承していたのである。

空母にとって最も脆弱な時間は艦載機の発艦、着艦収容の時間帯である。そして対空砲火、砲撃火力に劣ることである。さらに飛行甲板は広く薄く敵爆弾の命中はもちろん貫通して空母艦内の破壊に至る。しかしこの脆弱の反面、爆弾を装備して一旦空中に舞い上がった飛行機隊は最強となる。脆弱と最強、この裏腹な二面性は物事の勝敗に常につきまとうものである。

スプルーアンス海軍少将は、ミッドウェイ島を攻略占領しようと進行してくる日本軍航空母艦隊を迎え撃ち撃破するために指揮下の空母三隻の運用を攻撃第一とし、満足できる敵情報ではなかったが、命運を賭けて「攻撃開始」を命じ、「先制奇襲」の端緒を開いたのである。日本軍がアメリカ軍空母艦隊の位置を知るより先に彼（日本軍空母艦隊）を知る。そしてアメリカ軍は日本軍航空母艦艦隊の二隻の所在を確認して発艦準備に入った。スプルーアンス海軍少将は、日本軍空母艦隊の空母は四隻ないし五隻との情報を諜報により得ていた。しかしながら、いまだ二隻の空母を発見したに過ぎず他の空母についての情報はなかった。彼が六時三分の哨戒機からの接敵報告に基づいて「攻撃開始」を迅速に決意したことは「残りの敵空母を発見するためにこれ以上待つ気がないこと」つまり発見した空母二隻を撃破すれば残りの二隻か三隻の空母を「叩き潰す」ことが可能になる。敵艦隊の全て、全容が判明するのを待てば日本軍艦載機四〇〇機がアメリカ軍空母艦隊を覆いつくすであろうし、我々はその時に迎え撃つ艦載機の全てを失い敗北の後塵を拝することになる。この「攻撃開始」の発令において「先制発動」を最重要と位置づけていたスプルーアンス海軍少将は、第十六及び第十七任務部隊の空母三隻の運用の自由の確約をフレッチャー海軍少将から事前に得ていたのである。その上でこの確約は「攻撃開始」の即断即決の前提を構築していたのであった。

日本軍巨大艦隊を迎え撃つアメリカ軍にとっては、この局面を乗り切るには日本軍がアメリカ軍を発見し攻撃して来るその以前に「奇襲」により撃破する他に方法はなかった。風はミッドウェイ島においては南東からの三ノットである。ミッドウェイ島から日本軍空母部隊の方向に吹いていた。

アメリカ軍は日本軍空母機動部隊を正面から迎え撃つべき位置にはいなかった。日本軍の左脇腹に対して「奇襲攻撃」をかける。スプルーアンス海軍少将は日本軍がミッドウェイ島に向かっており同島の破壊のためその空母群の戦闘機、爆撃機そして攻撃機を投入して降爆をくり返すと考えていた。しかもミッドウェイ島付近北面海面の風力、風向は発着艦をくり返すことが可能である日本軍空母艦隊に有利な環境にあった。スプルーアンス海軍少将は、アメリカ軍空母部隊がミッドウェイ島の北東海上に位置して日本軍空母部隊と距離を置くことを重視した（アメリカ軍空母は可能な限り戦域の後方に位置する戦術）。アメリカ軍空母は今攻撃開始の命令を受けて発進準備中であり、態様としては航空母艦にとって最も脆弱な時間帯であると考えていた。また、自らが率いる飛行機隊が発進したならば、ミッドウェイ島に向かう日本軍空母群の左側面に向けて進攻することを予定していた。そしてその頃にはミッドウェイ島の攻撃を終えて帰投してきた飛行機隊が弾薬と燃料の補充を行いつつあることを想定していた。このため、飛行甲板は発進・帰投飛行機の発着艦のために空けておく必要から他の作戦飛行機の運用は不可能であることも計算されていた。スプルーアンス海軍少将はその脆弱な空母の運用時間帯のそれ以前に一撃を与えるべき「攻撃開始」の決心を行い麾下全軍に対して警戒と準備の迅速を促した。また彼は、日本軍は、空母の集団運用を基本としているとの情報を得ていた。スプルーアンスは生き残りをかけ、日本軍空母艦隊を一挙に「奇襲」すべき飛行機隊の発進を直前に控えて発艦予定時刻の具申を待っていた。そして彼自身が幸運であれば四隻または五隻の敵空母が近接集団をなしているところに空襲をかけることができることを祈った。そして彼の想定している日本軍空母機はミッドウェイ島攻撃のための空母運用に注意力が削がれてアメリカ軍空母機の攻撃に対して精彩を欠くことになるだろうと思った。巨大空母艦隊を破るのはこの時しかないと確信したのである。だが、「不運」にも日本軍空母群が二個群、あるいは三個群に分離していたならば、スプルーアンスは日本軍空母部隊の一部に対してアメリカ軍空母艦載機の全兵力を向かわせたことになる。また、彼が「命運」を懸けた攻撃を加え撃ち損ねることがあれば、弱者が強者を倒すための最善の策として採った「奇襲」が敵の反撃によって破られることになる。まさしく重大な危険性を孕（はら）んだ戦局の展開に作戦室の参謀達も息をのんだ。

まだ何も起こっていない。その間も彼は「奇襲」作戦のリスクを確認した。

「攻撃開始」の決定により艦載機を速やかに発進させて敵空母艦隊の攻撃に向かわせるために

は、発進に必要な条件を満たしていることが確認されていなければならないのである。従ってスプルーアンス海軍少将が「攻撃開始」を決心しても目標とする「敵の位置」、「風向、風速」、「装備、弾薬、燃料」の量、「搭乗員を配置につけて発進させるのに必要な時間」、「各飛行機の発進の間隔」、「航続距離と戦闘行動半径」、「帰投飛行機隊の収容予定地点」そして「視覚信号による空母相互の交信時間」を合わせた複雑な計算により算出された発艦と収容の準備が必要である。

スプルーアンス海軍少将は敵を攻撃、艦載機の発進する距離を最も航続力の低いＴＢＤ（雷撃機）の行動範囲である一七五マイル以内としていた。彼はその攻撃可能範囲内において敵を発見したならば必要な諸条件を確認して「発進時刻」を決定したいと思っていた。そしてすでに「攻撃開始」を発令していた。彼は「奇襲」を戦略の基本に置いていた。彼は五月二十六日に第十六任務部隊司令官として旗艦「エンタープライズ」に乗艦して以来、日本軍空母艦隊との決戦の戦略について考えてきたが、決戦の展開の中で最も重要なことは「奇襲」であった。彼は決戦の全体を脳裏に描き、この「奇襲」を成功させるための攻撃法、つまり敵への接近、接敵、突入について参謀長マイルズ・Ｒ・ブラウニング海軍大佐に理解させた。その内容は索敵海域の拡大、攻撃に一点集中撃破の徹底である。アメリカ軍にとって低速力の巡洋艦は空母戦略においては明らかに空母の行動の自由を奪うこととなり、これらを編成から外し、第十六任務部隊先代の司令官ハルゼー海軍中将の編成思想を引きついでいた。このことは艦隊決戦とりわけ日本軍空母艦隊との空母対空母の戦闘での勝利の要素である「少数精鋭」そのものであった。

敵は撃破しても味方は損害を受けない、あるいは最小限にとどめる。そしてスプルーアンス海軍少将は空母「ヨークタウン」に座乗するフレッチャー海軍少将に索敵哨戒の範囲をより厳重にするよう発光信号で伝えた。スプルーアンス海軍少将は日米双方の空母艦隊はお互いに近くにいると思っていたのである。彼は一刻も早く攻撃隊を発進させたくて数分の時間が数時間にも長く感じられた。

アメリカ軍空母機動部隊は西方に向かって舵を切った。フレッチャー海軍少将が発光信号で敵に近接して攻撃するよう促してきたが、すでに「攻撃開始」を発令していた。この発令を確認したフレッチャー海軍少将は帰投した索敵機と機動部隊を直衛している「ヨークタウン」艦載戦闘機を着艦させて、これらに燃料を補給するため後方に占位した。フレッチャー海軍少将はスプルーアンス海軍少将と連携をとり「ヨークタウン」の艦載機のうち戦闘機による艦隊上空警戒など偵察爆撃機（ＳＢＤ）による索敵行動を行い日本軍急襲部隊による「奇襲」に備えていた。

二十五、日本軍第一機動部隊の進撃

艦隊は第五警戒航行序列をつくり、速力も二十四ノットに上げた。霧も夕刻には晴れてきた。高速で南東方向の攻撃隊発進点に進行中、一九三〇（薄暮）「利根」（巡洋艦）は「敵機十機」の発見報告を行った。第一航空戦隊の旗艦「赤城」は飛行甲板迎撃待機中の零戦をもって追跡したが、これを捕捉できずに帰投した。南雲長官はこの敵発見は「誤認」であると断定した。さらに第一機動部隊は同六月四日午前二時五十分に東方近距離に索敵機らしきものを二度発見し報告した。南雲長官は前年の真珠湾奇襲の際に真珠湾へ高速で接近中に気象観測気球を敵機と誤認したこともあって、今回も観測気球の灯火とそれを誤認したものと断定したのである。

第一機動部隊は日本軍のダッチハーバーの攻撃や、六月三日の日の出以降にミッドウェイ島上陸部隊が乗船中の輸送船団がアメリカ軍部隊に発見され、また攻撃を受けたことも傍受していた。しかし南雲長官は麾下第一機動部隊は敵に発見されていないと考えていた。

最新鋭かつ日本海軍が世界に誇る航空母艦四隻を主力とする第一機動部隊指揮官・南雲海軍中将は、翌朝のミッドウェイ島攻撃隊発進以降の艦隊行動計画、戦速、待機の時刻、水上機による対潜水艦前哨戒の計画を明示して戦闘攻撃機の発進に備えた。戦闘準備を完了した日本軍

挿図第二十七

第一警戒航行序列推定略図

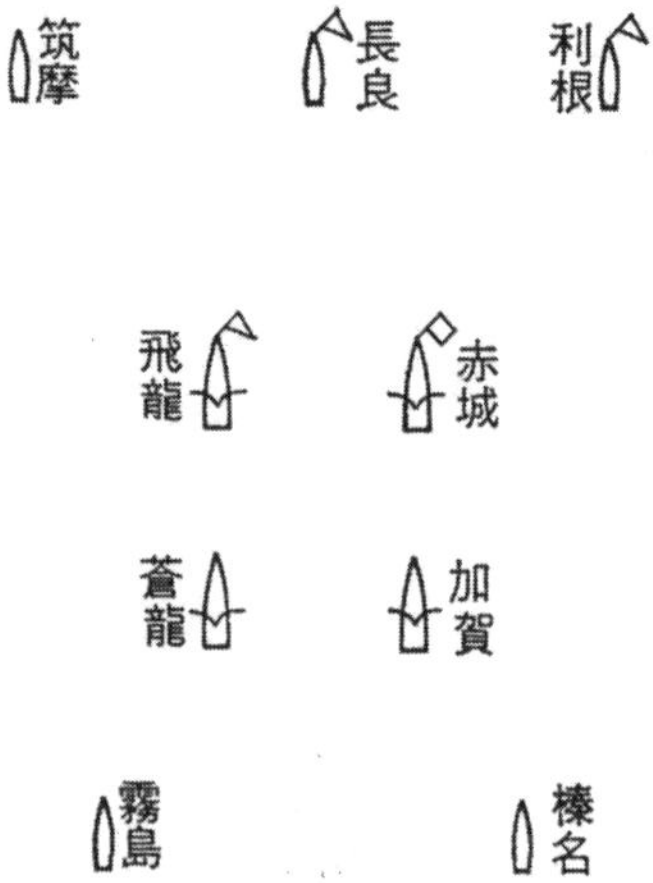

筑摩　長良　利根

飛龍　赤城

蒼龍　加賀

霧島　榛名

第一警戒船行序列推定略図

出典：防衛研修所『戦史叢書43巻
ミッドウェー海戦』

第一機動部隊は六月四日午前三時三十分（黎明の約一時間前）陣形を対潜水艦戦、昼間航空戦に備える第一警戒航行序列（別図）に改め、進路一三〇度、速力二十四ノットで攻撃隊発進地点に向かった。

このとき任務は容易に思えはしなかったか。

六月四日午前四時三十分、日本軍第一機動部隊四隻の空母からミッドウェイ島攻撃隊（零戦三十六機、九九艦爆三十六機、九七艦攻三十六機〈九九艦爆二五〇kg、九七艦攻八〇〇kg各陸用爆弾搭載〉）、指揮官、空母「飛龍」飛行隊長・友永丈市海軍大尉は発艦した（別表）。発艦位置はミッドウェイ島から三一五度二二〇マイルである。機動部隊は四時四十二分、針路を一三五度として速力を二十四ノットで進航した。午前四時四十二分、発艦した攻撃隊は艦隊上空で集合を完了、一二五ノットでミッドウェイ島に向け進撃した。攻撃隊は飛行高度一五〇〇メートルで進撃した。天候は雲量十分の八、雲高五〇〇メートル、風向風速は南東より二メートルの微風であった。視程は六十キロで問題はなかった。同島基地砲撃隊も日本軍攻撃隊編隊を認めたのか高射砲煙が散開していた。

ミッドウェイ島攻撃隊指揮官は、六時十五分に同島を発見していた。天候は晴れ、雲量は十分の一から十分の三、雲高五〇〇メートル、風向九〇度より風速九メートル、視界六十キロメートルと良好であった。

六時十七分、攻撃隊指揮官はトッレ・トッレ・トッレ（突撃準備隊形制レ）を下令、現場の

第一次ミッドウェイ島攻撃隊編制表

区分（指揮官）				兵力	爆弾	主攻撃目標
集団	群	攻撃隊（制空隊）	中隊			
第一（大尉友永丈市）	第二（大尉友永丈市）	第四（大尉友永丈市）	第一（大尉友永丈市）	飛龍艦攻　六機	八〇〇瓩陸用爆弾各一	サンド島施設、防禦陣地
			第二（大尉菊池六郎）	同右		
			第三（大尉角野博司）	同右		
		第三（大尉阿部平次郎）	第一（大尉阿部平次郎）	蒼龍艦攻　六機	八〇〇瓩通常爆弾又は陸用爆弾各一	イースタン島滑走路、在地機
			第二（大尉伊東忠男）	同右		
			第三（大尉山本貞雄）	同右		
第二（大尉小川正一）	第四（大尉小川正一）	第十一（大尉千早猛彦）	第一（大尉千早猛彦）	赤城艦爆　九機	二五〇瓩陸用爆弾各一	イースタン島在地機、航空施設
			第二（大尉山田昌平）	同右		
		第十二（大尉小川正一）	第一（大尉小川正一）	加賀艦爆　九機		サンド島在地機、航空施設
			第二（大尉渡部俊夫）	同右		
第三（大尉菅波政治）	第八（大尉白根斐夫）	〔第一〕（大尉白根斐（あや）夫）		赤城艦戦　九機		制空
		〔第二〕（大尉飯塚雅夫）		加賀艦戦　九機		イースタン島在地機
	第九（大尉菅波政治）	〔第三〕（大尉菅波政治）		蒼龍艦戦　九機		攻撃隊援護サンド島在地機
		〔第四〕（大尉重松康弘）		飛龍艦戦　九機		

出典：防衛研修所『戦史叢書43巻　ミッドウェー海戦』（295頁）

風向九〇度からの突撃進入方位を二七〇度とし、追い風突入を令した。六時三十分頃第一弾が投下されたが、日本軍攻撃隊がミッドウェイ島を発見した直後には、攻撃隊を追跡していたアメリカ軍索敵機が吊光弾を高高度から攻撃隊直上に投下して日本軍の所在位置を味方戦闘機及び対空戦砲台に知らせていた。

アメリカ軍戦闘機四十機余りが攻撃隊前方上空・高度五〇〇〇メートル付近で待ち伏せして急襲した。零戦制空隊は直ちに攻撃隊の前方に進出して、そこで激しい空中戦がはじまった。このアメリカ軍戦闘機隊はミッドウェイ島の第二十二海兵隊のＦ２Ａ及びＦ４Ｆ戦闘機隊であった。直衛の零戦隊が舞い上がりそして舞い降りて「バッファロー」と「ワイルドキャット」を撃墜した。この航空戦で「赤城」制空隊はＦ４Ｆ十一機、「加賀」制空隊はＦ４Ｆ九機、「蒼龍」制空隊はＦ４Ｆ四機を、「飛龍」制空隊はＦ４Ｆ三機を撃墜した。

この時点で零戦機はＦ２Ａ及びＦ４Ｆと比較すると旋回運動性能において各段に優っていた。日本軍は初期における対戦闘機戦にあっては迎撃機のうち、その全機近く（Ｆ４Ｆ二十七機、その他二機）を撃墜し、零戦の被弾は二機にとどまった。突撃は見事な急降下投弾であった。高度六〇〇〇メートル、中には五〇〇〇メートルまで降下して投弾した。しかし日本軍攻撃機（九九艦爆及び九七艦攻）の損害は未帰還機七機、うち九七艦攻四機の損害は痛撃であった。

また、ミッドウェイ島の空中及び地上の迎撃体制は極めて迅速であることから航空機による索敵情報の取得の他、索敵用新兵器（レーダー等）の使用があったものと思われる。攻撃隊の戦果の概略は次のとおりである（別図）。

サンド島　北東端付燃料槽火災、同島東側高角砲陣地破壊、同島飛行艇エプロン一部破壊、兵舎破壊

イースタン島　滑走路一部破壊、格納庫一

制空隊（零式戦闘機隊）は、攻撃隊の掩護に、多大な成果があった。しかしながら、地上銃撃に成果をあげたものの被弾もあった。

戦闘の様相は殊の外熾烈をきわめた。対空砲火、高角砲高射装置による射撃は連射一斉射撃の速度、精度も高く攻撃隊は被弾に苦慮した。そのため、勇敢に突入した攻撃隊に多くの被弾機を出し撃墜されたのである。

ミッドウェイ島攻撃隊指揮官・友永丈市海軍大尉は、戦闘機を除き陸軍爆撃機その他の飛行機が地上になく退避不在のため地上攻撃でこれらを破壊することができず、また滑走路の爆撃成果も不十分でその使用を止めることもできなかったと判断を下し、七時、同島施設等に対する第二次攻撃の必要性を報告・要請した。

攻撃を終了した攻撃隊各隊長はミッドウェイ島西方に各隊攻撃機を集合させて七時二十分頃から帰途につきそれぞれの母艦に向首した。

「七時」という時刻は、「エンタープライズ」と「ホーネット」が攻撃隊を各空母から発進させることを決定した時刻であり、スプルーアンス海軍少将が願った、奇襲成功の必要条件としたミッドウェイ島攻撃隊が日本軍空母に収容されるべき「その時」と一致し、まるで仕組まれたシナリオのように時が経過していったのである。

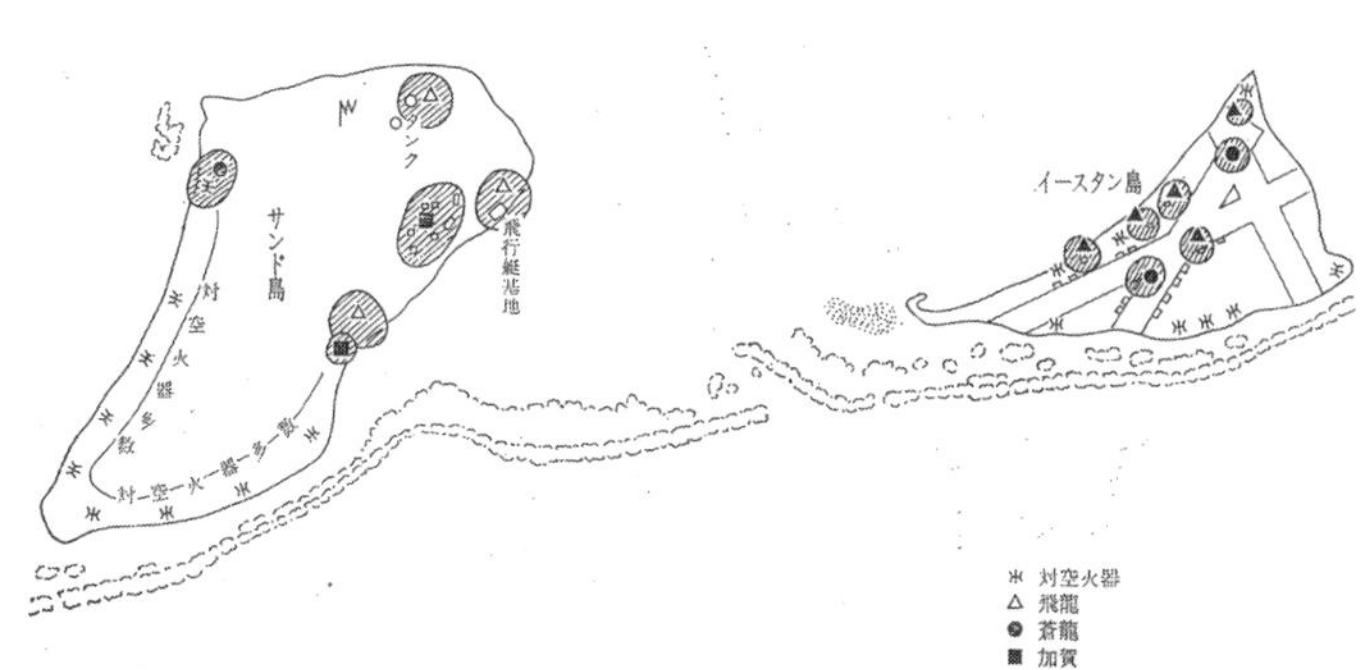

ミッドウェイ島弾着略図（各空母飛行機隊戦闘詳報）

出典：防衛研修所『戦史叢書43巻　ミッドウェー海戦』

二十六、アメリカ軍の進撃

スプルーアンス海軍少将麾下の第十六任務部隊は、フレッチャー海軍少将麾下の第十七任務部隊とは別に独自の行動をとっていた。空母「エンタープライズ」は、巡洋艦三隻と駆逐艦五隻、「ホーネット」は巡洋艦三隻と駆逐艦三隻、ミッドウェイ島に向かいつつある日本軍空母艦隊に対し、これを「奇襲」によって撃滅せんと近接するため進路を西南西に取り速度を二十五ノットに上げた。この進路は、日本軍空母艦隊を左方位から奇襲する態勢である。さらにこの作戦は、五月二十七日夕刻に太平洋艦隊司令長官ニミッツ海軍大将が予見した日本軍空母艦隊のミッドウェイ島への進攻に対する攻撃法としてフレッチャー海軍少将とスプルーアンス海軍少将の三人が打ち合わせを行ったとおりの行動であった。フレッチャー海軍少将は第十六任務部隊の運用をスプルーアンス海軍少将に完全に任せ、空母「ヨークタウン」の攻撃機の運用は戦況の中でフレッチャー海軍少将自身が決定することも五月二十七日に打ち合わせていた。

そしてその時参謀長ブラウニング大佐は、スプルーアンスに対して攻撃隊の発進時刻を「七時」とする計画を具申した。

スプルーアンス海軍少将は、速やかな「発進」は望むところであった。彼はブラウニング参謀長の意見をそのまま受け入れて空母「エンタープライズ」と「ホーネット」に対して攻撃隊の「発進」を命じた。

第十六任務部隊は、発進の直前に二つの機動部隊に分離された。空母「エンタープライズ」部隊は巡洋艦「ノーザンプトン」「ペンサコラ」「ヴィンセンス」及び駆逐艦五隻の一隊、空母「ホーネット」は巡洋艦「ミネアポリス」「ニューオーリンズ」「アトランタ」及び駆逐艦三隻を合わせて一隊をなした（これは当時のアメリカ海軍ドクトリン教義航空母艦戦法であった〈『太平洋戦争アメリカ海軍作戦史』『現代世界ノンフィクション全集12』〉）。

アメリカ海軍は「調整攻撃（コーディネイト・アタック）」という急襲戦法を常用していた。「調整攻撃」とは、「群狼作戦（ウルフパック）（wolfpack）」（第二次世界大戦中にドイツ海軍カールデーニッツ少将が考案、ドイツ潜水艦「uボート」が協同して敵輸送船国を攻撃する通商破壊戦術を応用した航空攻撃戦法）で調整攻撃グループ（コーディネイトアタック）を構成して一挙に敵を襲撃する戦法である。

「エンタープライズ」及び「ホーネット」の両空母から発進した攻撃部隊の戦闘機、爆撃機及び雷撃機が中隊（三機三編隊）規模で飛行集団を構成して行動し、それぞれが敵空母に対して同時に攻撃を加える戦法である。群狼戦術は、味方戦闘機が敵空母艦隊を直掩する戦闘機と交戦する間に高高度から急降下爆撃機隊が一隻の敵空母を集中的に急襲する。その急襲攻撃と同時に雷撃隊が海面に近い低高度で雷撃位置に進入して魚雷攻撃を行うのである。

スプルーアンス海軍少将は、参謀長ブラウニング海軍大佐の具申した発進時刻の「七時」を日本軍空母に攻撃をかける最良の時間帯と確信した。彼がこの決戦で日本軍巨大艦隊を撃滅するには、日本軍の空母運用が混乱することと、この時間帯にアメリカ軍の攻撃隊が「奇襲」をかけることである。日本軍のミッドウェイ攻撃隊がミッドウェイ島の攻撃を終えて空母に帰投し空母への収容を必要とするときに、アメリカ軍の攻撃機が日本軍艦隊上空で敵味方戦闘機の交戦戦闘の間隙をぬって突撃することこそがアメリカ軍空母艦隊存亡の命運を握るのであり、彼は敵艦隊上空が混然とする戦況になることを期待していた。そしてその位置をTBDデヴァステイター雷撃機の作戦可能範囲である自艦から一七五マイル以内となることを希望した。

六月四日「午前七時」、その頃日本軍空母艦隊はミッドウェイ島に向かいつつある中で、同島を発進したアメリカ陸軍B－17爆撃機により爆撃を受け、またTBFアベンジャー雷撃機（一九四二年に運用開始した新しい機種）六機による攻撃を受けていた。日本軍はこのアメリカ軍による雷爆攻撃は巧みな操艦技でなんなく回避して命中弾はなかった。しかもアメリカ軍の攻撃は小兵力ずつの逐次攻撃であった。この逐次攻撃は、ニミッツ海軍大将がミッドウェイ島海軍航空基地司令シマード海軍大佐をして実行した秘策であった。このことから日本軍空母艦隊の将兵の中には敵の攻撃規模と攻撃技倆を見てとり、それを拙劣とみなし自分達は容易に勝てると言い放つ者もいたとある。

アメリカ軍機動部隊空母艦載機攻撃機隊は、今まさにその第一陣が発進出撃の最中であった。

日本軍はこれから起こる合戦の全体像を描けていなかった。

空母「エンタープライズ」は六十四機を発進させる予定であった。六月四日午前七時、空母「エンタープライズ」及び「ホーネット」は南東からの微風に向かい風をとらえて発艦進路をとった。艦載機は最初に戦闘機（Ｆ４Ｆ（ワイルドキャット））、次いで艦上爆撃機（ＳＢＤ（ドーントレス））、そして、雷撃機（ＴＢＤ（デヴァステイター））の順で発艦する。二十七機のＦ４Ｆの一番機がエンジン音を高く飛行甲板の四分一長の滑走甲板を残して発艦した。スプルーアンスは、次に艦上爆撃機（ＳＢＤ）、艦爆隊三十八機の発進を待ち切れない程発艦を急がせた。艦爆隊は三十分を経ても全機の半数しか発艦を終えていなかった。

その時スプルーアンス海軍少将に、彼が最も恐れていた「事態」が報告された。彼は全身から血の気が引くのを覚えた。日本軍索敵機一機が水平線上に姿を現したのだ。日本軍索敵機がアメリカ軍空母艦隊を発見したのだ。彼は喉元に凍ったナイフの刃を突きつけられた心理状態に落ちた。この報告はアメリカ軍が、より一刻も早く日本軍空母艦隊に攻撃を加えなければならないという意味を持つのであった。しかし、彼の指揮下の「エンタープライズ」及び「ホーネット」から発艦した爆撃機（ＳＢＤ）隊は、残りの攻撃隊機が発艦、高度を上げて艦隊上空を旋回し、全攻撃機（爆撃機、雷撃機）が揃い、全機出発するのを待っている状況であった。しかも、南東に向かったアメリカ軍空母艦隊は日本軍との距離を詰めてはいたが日本軍空母艦隊に奇襲攻撃をかけるべき距離には縮まってはいなかった。アメリカ軍空母三隻は本来進航すべき西北西の方位から真逆の南東方位に高速航走を行い、攻撃機を発艦させなければならなかった。

飛行甲板にはまだ雷撃機（ＴＢＤ）が残っていたが、スプルーアンス海軍少将としてはこれ以上戦闘機隊と爆撃機隊の艦隊上空からの出発を遅らせることは逆に日本軍から奇襲を受ける恐れがあると判断した。それ以上に彼は一刻も早く日本軍空母艦隊に最初の一撃を加えたい思いを強くした。そして彼はすでに発艦して上空待機中の「エンタープライズ」第六爆撃機隊飛行隊長Ｃ・Ｗ・マクラスキー海軍少佐に対して現在までに発艦した急降下爆撃機（ＳＢＤドーントレス）だけでもって攻撃に向かうよう命令した。マクラスキー少佐は、第六爆撃機隊急降下爆撃機（ＳＢＤ）三十七機（内訳第六爆撃機隊十九機及び第六索敵爆撃機隊十八機）を率い、また直衛戦闘機隊（第六戦闘機隊）を伴って艦隊上空から、雷撃機隊十四機の発艦を待たずして日本軍空母敵艦隊に向かって出撃していった。フレッチャー海軍少将座乗の空母「ヨークタウン」の艦載機は、索敵と戦闘機による第十六任務部隊及び第十七任務部隊の上空警戒に当たっていた。フレッチャー海軍少将は索敵機を除く上空警戒の戦闘機隊を着艦させ、燃料給油を終えた戦闘機（Ｆ４Ｆ）と急降下爆撃機（ＳＢＤ）三十七機は「エンタープライズ」の攻撃隊（急降下爆撃隊）の出撃よりも遅れて上空を発進させた。また、「エンタープライズ」及び「ホーネット」の雷撃隊よりもさらに遅れて「ヨークタウン」航空群の雷撃隊が上空を出発した。出撃はばらばらとなった。しかもそのことによって後刻において戦闘機隊による護衛のない状況で攻撃を行わなくてはならなかったのである。それほどまでもスプルーアンス海軍少将は万全を期せずとも「第一撃を早く日本軍空母に加えようとして」あえて「調整攻撃（コーディネイトアタック）」というアメリカ海軍の攻撃法の教義を「放棄」してまでも他の全てに優先して「先制第一弾先制打撃」に強く拘り、アメリカ海軍による第一撃に徹した。ここに「日米合戦観の相違」をみた。スプルーアンスとフレッチャー両海軍少将は日本軍空母艦載機がミッドウェイ島を攻撃して弾薬・燃料の補給のためそれぞれの母艦に収容される時間帯に自らの攻撃隊がその場に到着していることを期待していた。

五月二十六日夕刻、ニミッツ海軍大将とこれら二人の指揮官はその作戦（戦略）会議において、日本軍巨大空母艦隊を撃滅するための突破口を奇襲とした。そしてこの〝奇襲の一撃〟が日本軍空母敵艦隊の戦力を切り崩す打開策の全てと位置付けていた。

艦隊上空の出発が遅れた一部の爆撃機隊と雷撃機隊は、護衛戦闘機を伴わず敵空母艦隊に向かったのである。結局「エンタープライズ」の飛行甲板最後の雷撃機が離艦したのは最初の発艦作業から一時間程経過ののちであった。

全爆撃機の約半数は重量爆弾（四五〇キロ）を装備のため発艦滑走に際しては、飛行甲板の全長を必要とする。従って飛行甲板後部に予め（あらかじ）発艦機を並べておくことが不可能であり、そのつどエレベーターで格納庫からの搬出を要したのである（全機発艦に一時間を必要とした）。

そして「ホーネット」からの最後の雷撃機が飛び立つとスプルーアンス海軍少将は、空母艦隊に二十五ノットの速度で日本軍空母艦隊に向かって前進するよう命じた。出撃したアメリカ軍の飛行機隊の編隊は、母艦からの視界外に消えて、やがてサーチレーダー・スコープからも最後尾の機体のターゲットエコーが消えた。

空母「ヨークタウン」から発進した艦隊上空警戒戦闘機は艦隊上空高度六〇〇〇メートルから二〇〇〇メートル間を飛行旋回し日本軍爆撃機隊の来襲に対する警戒を怠らなかった。また対空戦闘の任務にある高角砲の射手達は上空を見張った。今や日本軍の空襲迎撃に備えていた。また捜索用レーダー監視オペレーターはスコープを凝視していた。空母艦内の全員が間もなく姿を現すことを前提にして日本軍の飛行機隊を発見することに最大限の集中力を駆使して備えたのである。その後空母「ホーネット」は、その護衛の艦艇（巡洋艦、駆逐艦）とともに単独行動を取るために空母「エンタープライズ」から距離を開けていった。そしてこの距離の拡大は日本軍空母艦載機の同時攻撃を受けて一挙に複数の空母を喪失しないための「散開戦術」であった。

この空母相互の占位には二通りの考え方が存在する。その一つは「散開戦術」であり他は「集中戦術」である。日本軍は空母艦隊の兵力集中をもとに連合艦隊作戦における打ち合わせ（「第一航空艦隊源田實航空参謀の意見」防衛研修所『戦史叢書43巻　ミッドウェー海戦』）もあって集中戦術を採用していた。「第一警戒航行序列」がそれである。

スプルーアンスとフレッチャー両海軍少将は空母運用における空母、巡洋艦そして駆逐艦の配置について空母相互の距離を十マイル以上、しかし相互の発光信号の可視範囲内と打ち合わせていた。ニミッツ海軍大将はこの戦術を歓迎していた。そして彼はこのミッドウェイ島をめぐる空母対決において、アメリカ軍が空母を喪失することにならないための最善の策として味方空母艦隊相互間の「散開戦術」の採用に同意していたのである。

スプルーアンス海軍少将は、自艦の南方位に位置する空母「ホーネット」に対して味方艦隊対艦隊間の距離と間隔について離れすぎず、近づき過ぎず、視覚信号燈の到達範囲内とすることを確認した。彼は攻撃隊戦闘機、爆撃機そして雷撃機を発進させて一時間が過ぎようとしているこの時、間もなく主力の空母対決の戦闘の火蓋が切られる予感を強くしていた。

しかし、スプルーアンス海軍少将は、フレッチャー海軍少将指揮の第十七任務部隊「ヨークタウン」は視界から外れていてその位置を把握できていなかったし、彼が何をしているかも知らなかった。

スプルーアンス海軍少将とその参謀達にとって、空母を「七時」すぎに発進した攻撃隊からの第一報を待つだけの時間が刻々とすぎていった。アメリカ軍攻撃機隊が日本軍空母艦隊を発見したならば、その情報をラジオで機動部隊に報告してくる。一時間、また一時間と息苦しい待つだけの時がすぎていった。重苦しい空気は、スプルーアンス海軍少将の参謀達に太平洋の潮風となってふりかかった。

アメリカ軍空母艦載機攻撃機隊は、日本軍空母艦隊を発見するための時刻がすぎていく。日本軍空母発見報告を「エンタープライズ」で待つ参謀達とスプルーアンス海軍少将は、報告を待つための忍耐力を引き上げなくてはならなかった。不安はそれぞれの者達の心の中で徐々に広がっていった。

ついに「十時」、空母「エンタープライズ」から飛び立った爆撃機隊の直衛に就いている戦闘機（F4F）（ワイルドキャット）隊のJ・S・グレイ海軍大尉から燃料が少なくなりつつあり帰還の要ありと要請が入った。しかし、その数分間後には再びグレイ大尉が「護衛戦闘機を伴わない空母部隊発見、空母二隻、戦艦二隻、駆逐艦八隻よりなる艦隊が北上中」と報告してきた。

アメリカ軍第十六任務部隊空母「エンタープライズ」から発進した戦闘機隊が日本軍空母艦隊を発見したのである。そして、その位置は？

日本軍の混乱（兵装転換）

第一機動部隊指揮官・南雲長官は、ミッドウェイ島攻撃隊が発進後の五時二十分、状況によってはミッドウェイ島の再攻撃の可能性を示唆した。しかし、日本軍各空母のアメリカ軍敵機動部隊に対する爆装は対艦爆装である。各空母は、南雲長官のミッドウェイ島再攻撃の決意を読み取り、九九爆撃機、九七艦上攻撃機は対艦用爆雷装から対陸用爆装に兵装転換の準備を始めていた。各空母装備は、対陸用八〇〇キロの爆弾を揚弾装備するには多くの時間を要することから、前もって格納庫内に対陸用爆弾を配置する作業を開始していた。

第一機動部隊は七時すぎからアメリカ軍ミッドウェイ島基地からと思われるB－17爆撃機及びSBD急降下哨戒爆撃機による空襲を断続的に受けており防空戦闘を余儀なくされていた。この戦闘の状況判断を受けてのことか、南雲長官はミッドウェイ島再攻撃を決意した。そして彼は七時十五分、ミッドウェイ島の第二次攻撃を決意し、各空母が艦内で雷装して出撃待機をしていた九七艦攻の対艦（雷）装備を対陸用爆装に転換するように命じた。この時刻は、第一次ミッドウェイ攻撃隊指揮官・友永丈市海軍大尉からの第二次攻撃要請直後である。これにより第一機動部隊の艦攻（「飛龍」、「蒼龍」）は、現在装備している魚雷を外して八〇〇キロ陸用爆弾に換装する作業に入った。作業は取り外した魚雷を弾薬庫に格納し、格納庫の陸用八〇〇キロ爆弾を艦攻の胴体に取り付ける作業である。また彼は同機動部隊空母（「赤城」、「加賀」）の艦爆に装備中の通常二五〇キロ爆弾を陸用の二五〇キロ陸用爆弾に転換するよう命じた。この転換作業は通常航走中においてでも、早くて一時間三十分、対象機数によっては魚雷を八〇〇キロ陸用爆弾に転換する所要時間は二時間三十分を見込む必要がある。

折しもその時刻は日本軍にとっては、ミッドウェイ島のアメリカ軍爆撃機が来襲し第一機動部は防空戦闘中であった。この状況の中、各空母は大転舵による被弾回避運動中であり、また加えて、艦隊上空の直衛戦闘機を着艦させて燃料と機銃弾薬の補充をさせる必要があった。飛

デヴァステイター（TBD）

カタリナ（PBY）

ワイルドキャット（F4F）

ドーントレス（SBD）

行甲板を転換作業に使用することは不可能で、作業は全て格納庫内で行われており、南雲長官はその転換進捗を把握していなかった。先の転換作業命令は直近でありまだ進捗していないものと判断したと思われる。つまり、上空には三たびミッドウェイ島からの海兵隊SBD（急降下爆撃機）十六機が来襲していた。七時五十三分、敵爆撃機は攻撃を開始した。加えて、八時十分同じくミッドウェイ島からB－17爆撃機十七機が来襲した。日本軍四隻の空母はより厳しい回避運動を迫られた。この敵機による攻撃で日本軍機動部隊は、回避運動と転換作業の矛盾撞着的作業命令に混乱を極めるとともに空母格納庫は転換中の魚雷、徹甲爆弾さらに八〇〇キロ陸用爆弾が転倒し、装備作業上極めて危険とまで感じられた。B－17による爆撃が終わりかけたとき、同島からの海兵隊SB2U（ビンディケーター）爆撃機十一機が空襲をかけてきた。SB2Uは空母を直掩する零戦の迎撃防御を突破するのは困難と判断して戦艦「榛名」を狙ったが直掩機により一機が撃墜され「榛名」は無傷であった。

このミッドウェイ島からの連続攻撃により対艦爆撃装備からの転換は進捗せず、迎撃戦に追われた。真にニミッツ海軍大将の日本軍機動空母部隊に対する戦力疲弊戦術が成功しつつあった。

午前八時すぎ、帰投中の「索敵機利根四号機」は、「敵発見」、敵兵力は「巡洋艦五隻」「駆逐艦五隻」と報告してきた。そして同機はその直後の八時二十分、敵はその後方に空母らしきものを一隻伴うと追加報告してきた。位置ミッドウェイ島より方位八度、二五〇マイルであった。この空母は検証の結果、アメリカ軍第十六任務部隊空母「ホーネット」であった。

このとき南雲長官は『敵艦隊攻撃準備　雷撃機雷装其ノ儘（ママ）』を令した。

この発令により各空母艦内は混乱、転換作業について指揮を混迷させたのである。

南雲長官は利根機の報告でアメリカ軍空母部隊が日本軍空母艦隊の東方近くにいることを知ったことは確かであったが、彼は敵空母に対する最も重要な先制攻撃を放棄して、守勢を選択したのである。これは部隊運用が「破綻」に向かって動きだした時であった。

この選択は「謎」でも何でもないのである。彼は二正面（対アメリカ軍空母艦隊撃滅及びミッドウェイ島占領）作戦を背負い抜かりなくこれを実行しようとしたまでであった。誠に真面目であった。

その兵装転換そして再転換（転換がなかったことにする意味。モドセ）は、装備部署にとっては混乱そのものであった。このとき日本軍第一機動部隊の空母運用は破綻間近であった。日本軍空母四隻、艦載機二四八機、アメリカ軍空母三隻、艦載機二三三機の激突となる筈であった。

このとき、空母「飛龍」、「蒼龍」を直接指揮下に置く第二航空戦隊司令官・山口多聞海軍少将はこの事態は出撃を一刻を争うと判断、駆逐艦「野分」を中継して「直チニ攻撃隊発進ノ要アリト認ム」と南雲長官に進言したのである。山口司令官はミッドウェイ島からの空襲も一息、回避運動による損害も出ていなかった今こそ現装備「陸用爆弾」をもって敵空母の飛行甲板を叩き潰し空母運用を封じることが最重要であり、そのためには現装備のまま直ちに攻撃隊を発進させるべきとの果敢な「合戦観」を進言した。

山口司令官の進言に対して南雲長官は次の点を考慮した。その第一は、陸用爆弾の貫徹威力、第二にはミッドウェイ島攻撃を終えた二〇〇名の搭集員の生命とその戦爆機の収容である。

また、南雲長官は、第二航空戦隊山口司令官の進言を却下し、アメリカ軍来襲の以前に転装を完了して出撃させることが可能と判断した。八時三十七分、ミッドウェイ攻撃隊の収容を開始した。南雲長官はあくまでミッドウェイ島攻撃隊を収容し、これらに所要の燃料と爆薬を装備、護衛戦闘機を付けた爆撃機隊及び雷撃機隊を出撃させて必戦撃滅を期したのである。

一航艦草鹿参謀長は『その時』の回顧の中で、

「艦爆隊だけならすぐ発進させることができた。しかし、アメリカ軍の爆雷撃機隊は護衛戦闘機を伴っていなかったので零戦に『面白いように撃墜』されている状況を目前にして味方に護衛をつけないで艦爆隊を出撃させる決心がつかなかった。当時各空母に残っていた零戦は、防空戦闘のため全部発艦していたので攻撃隊につけてやる零戦の手持ちはなかった。」（『戦史叢書43巻　ミッドウェー海戦』２９０頁）

源田航空参謀は、ミッドウェイ島攻撃隊の収容をあきらめてこれを海上に不時着させて、艦上にある攻撃隊（九九艦爆、九七艦攻）の準備を急いでこれを発進させるのがよいのか、全機を収容して陣容を整えた有力な攻撃隊を編成し、一挙に敵を撃滅するのが有利か、その判断に苦しんだ。「検討の結果」、敵機の来襲までにはまだ時間的余裕があると判断して「後者」を採った。敵から一時離脱して攻撃準備を完成しようとは全く考えなかった。当時入手していた敵空母までの距離は二一〇マイルであった。

ただし、これら二名の参謀の回顧は、南雲長官を攻撃隊を立て直して十分な戦力を整えてアメリカ軍空母群を撃滅できると判断させたこととの関係性は薄いものと思われる。

八時五十五分南雲長官は、各戦隊に対して次の命令を発した。

「飛行機ノ収容終ラバ一旦北方ニ向ヒ当隊ハ敵機動部隊ヲ捕捉シテ之ヲ撃滅セントス」

南雲長官の用兵がアメリカ軍空母艦隊への「先制」の機会を放棄した瞬間でもあった。

戦局

第十七任務部隊を率いるフレッチャー海軍少将は、第十六任務部隊と同一の進路と速力を保った。しかし、彼はすでに報告された以外にまだ別の日本軍空母艦隊が存在している可能性を肯定した上で、その未確認の敵空母部隊に対してアメリカ軍攻撃機隊が有利に航空攻撃をかけることができる戦局の到来を予想し、麾下空母「ヨークタウン」からの攻撃隊の発進を二時間も遅らせて縦深的な攻撃態勢を採った。そして彼は、現状下日本軍空母部隊は未だにミッドウェイ島攻略が目前の目的であり、アメリカ軍空母艦隊に対する航空攻撃の兵力はほぼ二分化されており単に発見され報告されている航空機の総数兵力がこの戦闘に決着をもたらすとは思っていなかった（フレッチャー海軍少将の情勢判断）。

また彼は、スプルーアンス海軍少将麾下の第十六任務部隊の空母兵力を第一撃として第十七任務部隊を第二撃とすることによって、現状の戦局肯定と起こり得る不意の展開対応に柔軟性を持たせて奇襲の成功と兵勢逆転という高度の幸運を祈ったのである。

八時三十八分、フレッチャー海軍少将は、指揮下の急降下爆撃機の半数と雷撃機全機に戦闘機の護衛をつけて発進させた。そして九時六分までに空母「ヨークタウン」の急降下爆撃機（SBD）十七機、雷撃機（TBD）十二機及び戦闘機（F4F）六機が飛行甲板を蹴ってゆるやかに上昇旋回に入り僚機の集合を待って艦隊上空から遠ざかっていった。また飛行甲板には別の戦闘機が並べられ敵機急襲の備えを完了していた。フレッチャー海軍少将にとって作戦は整然と進捗していた。

このフレッチャー海軍少将の情勢判断は臨機とも言える用兵であり、以後における戦況の変化と「信じられない誤報と誤断が生じたとしても」これらの措置によってアメリカ軍の作戦行動が致命的な危険や失敗とならないために、万が一に備えた警戒心は自然であり適切でもあった。

五月八日、ニューギニア半島ポートモレスビー攻防をめぐる珊瑚海海戦で空母対空母戦の総指揮を執った彼は空母運用の哲（知恵）を学んだ。索敵機が敵空母二隻、重巡洋艦四隻と巡洋艦二隻、駆逐艦四隻とを誤認した報告に基づき自らの艦隊の攻撃機の全力を投入してしまったあとにその誤認が判明したことと、当該海戦において空母「レキシントン」を喪失、「ヨークタウン」に中破の損害を被った手痛い経験も空母海戦での情勢判断と用兵の難しさとしてこれを空母運用の教訓とした。しかし、日本軍連合艦隊は空母戦の勝敗を決定づける同様の誤報について、この事実を得がたき教訓とし得なかった。

日本軍索敵不全

南雲長官は第一次攻撃隊を発進させた午前四時三十分以降、数波に及ぶ敵アメリカ軍の攻撃を受けた。八時八分には敵戦闘機（F４F）一機が突如空母「飛龍」を機銃掃射した。この銃撃によって四名の兵士が戦死した。しかし、数次に及ぶミッドウェイ島所属機の攻撃は日本軍上空直掩機（零戦）により撃墜されまたは撃退されたのである。この敵アメリカ軍による攻撃について、南雲長官は自らの艦隊の艦位がミッドウェイ島から一五〇マイルの近距離であり、来襲機は同島からの攻撃機であると判断していた。

日本軍空母部隊は、索敵機による七本の捜索線の偵察飛行を実施していた。また各空母は南雲長官の命令によりミッドウェイ島から帰投した第一次攻撃隊の収容を八時三十七分に開始していた。九時三十分「蒼龍」で最終収容が完了した。しかし、「飛龍」はこれより少し先に収容を完了し、北方への進路をとった。

八時四十五分、索敵中の利根四号機から日本軍空母艦隊司令部へ「巡洋艦らしきもの二隻を発見」と報告してきた。八時四十八分、同じく利根四号機から「帰投する」と電信が届いた。巡洋艦利根の所属する第八戦隊司令官・阿部弘毅海軍少将は索敵交代機充当を命じると同時に同機に対して「帰投まて」を令した。阿部司令官は、当該機の飛行可能時間の十時間には残余の飛行可能余裕時間があり充分な飛行が可能であると考えた。

南雲長官は先刻の索敵情報の位置整合の為、利根四号機の位置の確認を要するものと判断した。八時五十四分、位置判定のために利根機に対して長波輻射を命じたが「敵攻撃機一〇機貴方に向う」と報告したが長波輻射は行わなかった。

午前九時三十七分、利根四号機から「燃料不足のため帰投する」と許可を求めてきた。阿部司令官は午前十時まで接敵の継続を命じたが「我れ出来ず」と返答する。帰還を許可した。その時刻、準備中の交代機が「筑摩」から発進した。

結果的には、利根四号機が報告したアメリカ艦隊の位置が一〇〇キロ以上ずれていたため「蒼龍」から発進した「十三試艦上爆撃機」は、敵艦隊を発見できず引き返し帰投した。

この利根四号機の偵察戦務不十分が偵察行動に積極性を欠いていたのではなかろうか、との評価もあるが天候等の現況も不明の中で易々と批評を加えるのはどうかとの意見もある。

（第十三試艦上爆撃機：「九九艦爆後継機として開発中」、最大速度五一九km/h、航続距離

一四五二㎞、アメリカ軍ワイルドキャット戦闘機：五二九km/h、二二八五㎞〈航続距離〉との比較）

後方に位置していた主力部隊戦艦「大和」に座乗の山本五十六連合艦隊司令長官は第一機動部南雲長官から「敵発見」の報告を確認していた。しかし、山本長官ははじめアメリカ軍機動部隊が東方より出現したことについて慌てなかった。その理由は、連合艦隊参謀長（宇垣海軍少将）は当該司令部で感じられた気分として述べているようである。言葉にすれば「よき敵御座んなれ（何でも来い）第二次攻撃は速やかにこれに指向し、先ずは敵空母を生け取りさらに残敵の処分をいかにするか」である。

山本長官が先任参謀に「アメリカ軍空母艦隊への攻撃命令を改めて出すや否や」と尋ねると参謀長は、「南雲長官は、兵力の半分をこの敵空母艦隊攻撃のために準備しているから承知すみであるので必要はない」と答えて

九五式水上偵察機

出典：防衛研修所『戦史叢書43巻　ミッドウェー海戦』

いる。従って連合艦隊は何も発信しなかった（『戦史叢書43巻　ミッドウェー海戦』）。この一件は、山本長官の出撃是非の論議に係る重要な決定と思料する。

日本軍第一機動部隊は、午前九時三十分にかけてミッドウェイ島第一次攻撃隊の収容を終えて（「蒼龍」は九時五十分までかかった）、七時四十四分に発令された兵装転換、復旧は発令から二時間余り経ってもいまだに完了していなかった。むしろ九七艦攻の雷装の陸用爆弾への転装も進捗していなかった。

その収容を終えた頃、ジョン・ウォルドロン海軍少佐率いる空母「ホーネット」雷撃隊、TBD（デヴァステイター）雷撃機十四機が日本軍空母艦隊に近づいてきていた。「雷撃機（TBD）は、アメリカ合衆国海軍TBD雷撃機は、開戦当初の主力雷撃機で乗員三名（操縦士、航法士の射手、射撃手）巡航速度二〇五km/h、航続距離三八〇マイルあり後継機TBF（アヴェンジャー雷撃機）にその任務を移行する直前に開戦となった。そしてミッドウェイ海戦以降急速に第一線から退き二年後の一九四四年には全機が引退した」

九時二十三分、この時点で日本軍空母部隊上空の直掩機は十八機に減少していたが、同時刻には直掩機がこの敵に対して攻撃を開始し、さらに各艦の対空砲火も協同してその大部分を撃破した。残ったのはわずか四機で、九時三十分「蒼龍」に対して魚雷を発射したが命中しなかった。そしてその四機は全機撃墜されたのである。その直後「加賀」から零戦五機、「赤城」から三機が上空直掩迎撃に発艦した。この時点で上空直掩機は二十数機となった。

アメリカ軍攻撃隊は機種部隊毎に進撃したため部隊間の連携が取れず「ホーネット」雷撃隊は戦闘機の護衛のないまま「赤城」を狙った。一機の雷撃機は「赤城」の艦橋を目標にして突撃したが撃墜された。これを目の当たりにしていた一航艦参謀長（草鹿龍之介海軍少将）は「彼らは死を覚悟して突撃してくる」と述べたという。

「ホーネット」ＴＢＤ（デヴァステイター）雷撃隊はその十四機全機が上空警戒の零戦により撃墜された。

そのうち不時着した機体から脱出したジョージ・Ｈ・ゲイ海軍少尉を除く全員が戦死した。

そのゲイ少尉は「蒼龍」に向かい超低空（飛行甲板よりさらに低い高度で進入）雷撃するも命中せず飛行、甲板上を通過したが、その直後零戦機により撃破され不時着した。彼は幸いにも機体から脱出、漂流中に六月五日ニミッツ海軍大将の厳命により救出された。ニミッツは戦況の実態、つまりゲイ少尉が実際に自分の目でみた日本軍空母の被害を直に確かめるための救出である。海中漂流の中で見た戦況を聴取し把握したニミッツ海軍大将は日本軍三空母は確実に大破したことを確認して次の作戦展開の基礎とした。

空母「ホーネット」雷撃隊は、母艦から出撃後、日本軍空母部隊を発見するまでワイルドキャット戦闘機十機に護衛されていた。しかし、この戦闘機隊は「ホーネット」戦闘機隊ではなく「エンタープライズ」戦闘機隊であった。「ホーネット」戦闘機隊は濃霧天候不良の中で友軍雷撃機隊を見失い、しかも日本軍空母部隊をも発見できなかった。また「ホーネット」Ｆ

４Ｆ戦闘機とＴＢＤ急降下爆撃機隊は日本軍を左方から攻撃するべく予定していた日本軍予測飛行経路線よりかなりの南方に偏位したため、先行したＴＢＤ雷撃隊から離れてしまったのである。Ｆ４Ｆワイルドキャットの全六機とＳＢＤドーントレス三機が燃料欠乏によりミッドウェイ島近海に不時着水した。残りのＳＢＤドーントレス二十機はそのまま母艦「ホーネット」に帰艦した。

スプルーアンス海軍少将は「ホーネット」爆撃隊がなぜこの時間に帰艦しているのか不思議でならなかった。

アメリカ軍空母「ホーネット」ＴＢＤ（デヴァステイター）雷撃機隊中隊長ジョン・ウォルドロン海軍少佐は、出撃したならばその想定される合戦模様からみて生還することは殆どないことをよく知っていた。彼は出撃の前夜、雷撃隊の攻撃計画に加えて指揮下の搭乗員に対して次のことを徹底している。その訓示は「最大の希望とするところは戦術上最も有利な状況において敵に出合うこと、もしそうでなければ敵を撃滅するために最大の努力を尽くすこと、そして最後の雷撃機として攻撃を行う場合には、超低空飛行でその自らが突撃して必ず命中させて貰いたい」であった。彼は出撃発艦の直前に「ホーネット」艦長マーク・ミッチャー海軍少将に対して出撃報告の上で「彼の雷撃中隊員はただ敵空母を撃滅する使命にあることを自覚しており万難を排して職務に邁進すること」を誓ったのである。出撃したならば帰還することがほぼ困難と思われる戦況下での発艦であった。ウォルドロン海軍少佐は率いる雷撃機隊の一番機で「ホーネット」を発艦した。これはスプルーアンスの戦術思想であり、雷撃機TBDデヴァステイターは艦載機の中で戦闘機ワイルドキャットは勿論、急降下爆撃機ドーントレスに比較すると格段の鈍速であり少しでも早く発進させる必要性があった。しかし、ウォルドロン雷撃隊は幾重もの密雲に行く手を防げられ、同空母戦闘機中隊サミエル・ミッチェル海軍少佐も僚友の雷撃隊を見失って別々の進撃経路を取ったため相方が離れてしまった。

「ホーネット」雷撃隊は、日本軍空母艦隊の推走位置に到達したがこれを発見できず、ウォルドロン少佐の臨機により北方に転針した。出撃した各々の飛行機隊は予測される日本軍空母艦隊との会合地点への航行は困難を極めた。

九時二十五分、ウォルドロン雷撃機隊飛行隊長は遥か水平線上に二筋の艦船のものらしい立ち昇る黒煙を視認した。「日本軍空母艦隊」であった。

それから数分、日本軍空母直掩零戦機隊は戦闘機護衛のないアメリカ軍雷撃機TBDの編隊を発見し高度六〇〇〇メートルから急降下攻撃隊形をとった。雷撃隊がめざす日本軍空母に魚雷を発射するには、あと数キロ飛行しなければならなかった。そして敵の対空砲火がこの雷撃隊に届きはじめていた。彼らは日本軍空母艦隊直掩戦闘機の迎撃の的となり、さらに対空砲火をくぐり抜け隊長ウォルドロン海軍少佐機の振れる翼の進撃の合図に呼応して隊長機に続いた。彼等にはアメリカ合衆国海軍雷撃隊飛行隊員およびその隊長としての「誇り」が全てであった。

ウォルドロン海軍少佐はエンジンへの燃料送油バルブを全開にして超低空から猛撃を敢行した。

た。

機体から爆発しそうな振動を感じた。それでも雷撃隊は、日本海軍が世界に誇る精鋭、零式艦上戦闘機（零戦）群に包囲された。しかし、それでも進撃した。一機また一機と零戦により撃墜された。日本軍零戦の攻撃は熾烈であった。生き残った僅かな雷撃機は進入し魚雷を発射したが命中しなかった。雷撃機十四機は全機、残らず撃墜されてしまった。彼らは全てを尽くした。

その後ミッチャー海軍少将は空母「ホーネット」戦闘詳報の中で次のように述べたとある。

第八雷撃機中隊長ジョン・ウォルドン海軍少佐は、たとえ日本軍空母艦隊が当初予測された地点で発見されたとしても彼が指揮する雷撃隊は帰還するに足り得る燃料を搭載していなかったであろうから、いずれにしても彼ら自身が生還を期し難い運命にあることを悟っていた。雷撃隊四十五名のうち四十四名が戦死した。その生き残った一名がジョージ・H・ゲイ少尉であり翌日の午後、友軍機ＰＢＹ「カタリーナ」飛行艇により戦場の海面から救助されたのである。

二十七、魔の五分間（空母運用理論破綻）

アメリカ軍雷撃隊十四機が日本軍空母に迫ってきたが、対空砲火と直掩機の迎撃により日本軍に被害はなかった。日本軍はその直後空母「赤城」から五機、「飛龍」からは七機の上空警戒機を発艦させ警戒の段階を上げた。この発艦で上空警戒機は、二十数機となった。

九時三十八分、日本軍はさらに後方遠距離に低空で来襲する十四機の雷撃機を発見していた。

アメリカ軍ユージン・リンゼー海軍少佐率いる空母「エンタープライズ」第六雷撃機中隊十四機が、日本軍空母艦隊後方に迫っていた。この第六雷撃機中隊は護衛戦闘機の掩護もなく撃退された。これには第六雷撃機中隊を護衛すべき空母「エンタープライズ」第六戦闘機中隊長グレー海軍大尉がリンゼー海軍少佐率いる雷撃隊を密雲の中で見失い、さらに間違えて「ホーネット」雷撃中隊の護衛をしてしまったためである。「エンタープライズ」第六雷撃隊は戦闘機の護衛のないことから日本軍に発見されずに近接するため低空飛行高度で日本軍空母艦隊の艦影を必至で求めた。リンゼー海軍少佐率いる雷撃中隊は空母「エンタープライズ」発艦時に計画していたとおり飛行経路を母艦から二四〇度二五〇マイルに到達したところで針路を北西に変更した。変針して間もなく、九時三十八分、リンゼー飛行隊長は前方に艦艇の一群を発見した。その一群はまさしく空母を中心とする陣形であり、日本軍空母艦隊であった。リンゼー中隊長は、友軍の戦闘機（ワイルドキャット）及び急降下爆撃機（ドーントレス）も到着しておらず「調整攻撃」法により突撃するために彼らを待つべきか否かについて思慮した。彼らは一体どこにいるのか。リンゼー海軍少佐は不思議であった。しかし、彼はわずかの時間の中で決断した。雷撃機ＴＢＤ（デヴァステイター）の継戦可能航続距離は迫っており、その時点での距離はすでに母艦「エンタープライズ」への帰還に必要な飛行距離を超えつつあった。彼は、友軍戦闘機隊及び急降下爆撃隊の到着を待たずして四十一名の搭乗員と十四機の雷撃機を率いて突撃に入った。

彼は前方にいて北上する日本軍空母群左側方後尾に占位する空母「蒼龍」に向かった。デヴァステイターは海面上超低空をエンジンの唸りをあげて進撃した。護衛戦闘機の付かない十四機の雷撃機は、直ちに上空から舞い降りてきた零戦二十数機によりやすやすと撃破され火達磨となって海面に激突した。辛うじて四機が雷撃を敢行したが命中しなかった。日本軍空母艦隊はこれを巧妙に回避した。

十四機のデヴァステイターは、十機が撃墜されたが、幸運にも四機が「エンタープライズ」に帰還したものの、その四機中の一機は被弾による損傷が酷く再出撃不可能、海中投棄された。

戦闘機による護衛のない雷撃は、即ち、「死」を意味する。それでもユージン・リンゼー海軍少佐は、この困難に当たって「たじろぐ」ことはなかったのである。

第六TBD（デヴァステイター）中隊長以下三十名が青藍の海に散った。

『生き残った十二名は「エンタープライズ」戦闘機隊隊員に対して僚友の不憫と低質と思われる護衛行動に対する怒りを爆発させたという記録がある。』

九時四十九分、空母艦隊先頭左翼に占位する巡洋艦「筑摩」見張員が（五十キロ以上の）遠距離に十数機の敵編隊を発見した。この敵は主に第一航空戦隊「赤城」及び「加賀」に向かった。日本軍空母艦隊は、各艦共に雷撃回避などのため個別に運動し、陣形も乱れていた。日本軍はアメリカ軍攻撃機の来襲予測により、「赤城」、「蒼龍」は各艦三機の上空警戒を発艦させ、「赤城」は二機を収容していた。一時敵の襲撃が途絶えた十時、「加賀」、「蒼龍」は合わせて九機、そしてそのあとに「蒼龍」が三機の上空警戒機を発進させた。以上で上空警戒機は三十四機以上となった。

十時、来襲する敵アメリカ軍艦上爆撃機十数機を発見、これに零戦隊が逆襲した。敵機が爆弾を捨てるのがその向こうに見られた（これら艦上爆撃機隊はミッドウェイ島からのSBD〈ドーントレス〉及びSB2U〈ビンディケーター〉であった）。その後、空襲が一時途絶えたので、各空母はミッドウェイ島攻撃隊の残機を収容した。

十時二分、日本軍空母艦隊は乱れた陣形を立て直しつつ北上していた。巡洋艦「利根」は先頭右翼に位置していたが後方遠距離三十五キロの低空に十数機、来襲機はまた別に「赤城」によって発見されていた。このときの来襲機は、雷撃機らしき機影十六機くらい、戦闘機十機及び爆撃機十数機であった。「利根」と「赤城」は敵機群来襲煙幕を張った。

十時十分、ランス・マッセイ海軍少佐が指揮する空母「ヨークタウン」第三雷撃機中隊が日本軍空母艦隊に低高度で近づいていた。その日本軍空母は陣形立て直しと共にミッドウェイ島攻撃から帰投し、上空待機を余儀なくされていたミッドウェイ島攻撃隊の収容を終わったばかりであった。空母「飛龍」は他の三隻の空母集団から北方に位置してすでに北上していた。空母「飛龍」は密雲の視界障害を利用して雲下を航行していた。「ヨークタウン」雷撃機隊隊長マッセイ海軍少佐率いる雷撃機デヴァステイター十二機は、彼らの集団から離れて北上する空母「飛龍」に向かった。マッセイ雷撃隊十二機は「飛龍」を狭撃すべく六機編隊の二個小隊に分離すると同時攻撃を開始した。その上空では「飛龍」直掩機零戦隊が雷撃機ＴＢＤデヴァステイターに対する防空戦闘を繰り広げていた。「飛龍」直掩戦闘機は低空の「ヨークタウン」雷撃隊に向かった。ＴＢＤデヴァステイターは直ちに十機が撃墜された。彼らは「飛龍」に魚雷五本を発射したが全て回避された。そして残りの二機は、燃料欠乏で不時着水により全機損失し、ランス・マッセイ海軍少佐をはじめ二十四名中二十一名が戦死した。アメリカ軍空母「ホーネット」、「エンタープライズ」及び「ヨークタウン」から出撃した雷撃機デヴァステイター四十機は直掩機零戦により七機を除いて全てが撃墜され一一二名がその「海」に没した。また友軍雷撃機を護衛すべき「ヨークタウン」第三戦闘機中隊六機は零戦十五機に挑んだが撃

『日・米国家の命運』正誤表

お詫びして訂正いたします

	誤	正
177頁10行	飛行	航行
228頁9行	ニミッツ海軍少将	ニミッツ海軍大将

退された。しかしその「ヨークタウン」雷撃隊は日本軍空母を護衛中の零戦隊を低高度に『釘づけ』にする役割を果たし、その直後における戦局に決定的な結果をもたらした。

その空母「ヨークタウン」雷撃隊を低空で迎撃中の零戦隊及び日本軍空母艦隊対空砲火は高高度で迫り来るアメリカ軍急降下爆撃機（SBDドーントレス）大編隊に気づいていなかった。

その時、クラレンス・マクラスキー海軍少佐率いる「エンタープライズ」第六爆撃機隊の急降下爆撃機SBDドーントレス及び第六索敵爆撃隊三十七機はその上空に高高度六〇〇〇メートルで到達していた。マクラスキー率いる爆撃隊は日本軍空母艦隊を発見することが間近の状況であり、かつこの厳しい残燃料量は急降下爆撃にとって最良の操縦操作のバランスであった。しかし、燃料の残量は空母への帰還の限界に近づきつつあった。彼は捜索予定海域であるミッドウェイ島の北西一五〇キロ周辺に到達したが当該艦隊を発見できず北上飛行中の日本軍駆逐艦を発見すると確信をもって北方を捜索していた。

午前十時二十二分頃、六〇〇〇メートルの高度の雲間の眼下に日本軍空母艦隊を発見した。

そして、ほぼ同時の午前十時二十三分頃マクスウェル・レスリー海軍少佐率いる空母「ヨークタウン」爆撃隊も日本空母艦隊を発見して戦場に到着した。こうして「エンタープライズ」の爆撃機隊と「ヨークタウン」の爆撃機隊は同時攻撃となった。

日本軍各空母は、見張員も低空の雷撃機に気をとられ、また上空護衛警戒機も必死に突入して迫り来る敵雷撃機隊に対する回避運動に注意を奪われ高高度で近接する敵爆撃隊に気付かなかった。その敵雷撃機隊との攻防の最中、日本軍各空母の高射砲火員、敵急降下爆撃機隊が急降下してくるのを発見したが時すでに遅く、敵弾回避運動の時機を失しておりその回避の手段もなく手遅れであった。

先頭を切ったマクラスキー少佐の「エンタープライズ」SBD艦上爆撃隊は「加賀」を狙った。日本軍空母艦隊は気づかず易々と緩降下から急降下に入った。対空砲火もなかった。十時二十二分、マクラスキー少佐の小隊の攻撃は至近弾であった。続くギャラハー大尉爆撃隊が投弾した四発目が「加賀」の飛行甲板後部に命中、続き三発が続けざまに命中した。「加賀を攻撃したのは、レスリー海軍少佐とその部下達ヨークタウン爆撃隊十二機との主張もある。」

十時二十四分、レスリー海軍少佐とその部下達の爆撃隊十七機が「エンタープライズ」爆撃隊に続いて「蒼龍」に突撃した。「蒼龍」攻撃機十二機の記述もある。レスリー海軍少佐の二番機ホルムベルク大尉の投弾は「蒼龍」の前部エレベーター前方に命中して大爆発を起こし発艦中の戦闘機が吹っ飛ぶ光景があった。「ヨークタウン」爆撃隊は直撃弾が五発、至近弾三発と主張したが、実際の命中弾は三発である。その頃「エンタープライズ」爆撃隊でベスト大尉の小隊は、小隊間の連携に失敗したので、ベスト海軍大尉機とクルーガー海軍中尉機及びウエーバー中尉機の三機で旗艦「赤城」を狙った。その頃「赤城」では上空直衛の零戦が着艦して燃弾補給を行い、再び発艦する時間帯であった。その時点で「加賀」と「蒼龍」は被弾炎上中であった。「赤城」上空のアメリカ軍空母「エンタープライズ」爆撃機三機（ドーントレス）

がまだ急降下に入っていない状況下で「赤城」飛行甲板上の零式戦闘機のエンジンが起動していた。その戦闘機は「赤城」戦闘機隊隊長機であったが敵爆撃機（ドーントレス）が急降下に入ったのを見ていた二番機の木村二等飛行兵曹は艦橋に手信号で緊急発艦合図を送り零戦に飛び乗った。艦が風に立ったその時、艦首を蹴って見事に発艦した。彼は発艦数秒後ふり返って「赤城」を見ると、直前に今操縦している隊長機の零戦が飛行甲板上に位置していた場所に敵弾が命中したのか、彼が乗機するはずであった零戦機が逆立ち炎上していた。「アメリカ軍の被害のうち判っているのは、エンタープライズ爆撃隊は三十七機中十四機喪失した。」ことである。

一航艦（第一機動部隊）戦闘詳報によれば、日本軍空母「赤城」「加賀」「蒼龍」の被弾状況は、別図のとおりである（『戦史叢書43巻　ミッドウェー海戦』）。

『午前十時二十三分ころ「加賀」が九機の襲撃を受け四弾命中、午前十時二十四分ころ「赤城」が三機の攻撃を受け二弾命中、十時二十五分ころ「蒼龍」は十二機の敵艦爆機の攻撃を受け三弾が命中した。』

また、同戦闘詳報の「重要記事」に（十時二十二分「赤城」「加賀」「急降下爆撃サルルヲ認ム」）、（巡洋艦「利根」は十時二十三分「敵機数機雲中ヨリ『赤城』ニ対シテ急降下」）、（「筑摩」は十時二十三分「敵機『加賀』ニ急降下爆撃」）、（「十時二十四分『加賀』火災」「十時二十五分『赤城』、『加賀』火災ヲ認ム」）、（「敵機『赤城』ニ急降下爆撃」、十時二十六分「赤城火災」）とある。この詳報は、時刻の誤差は記録する者の判断誤差であるので問題ではない

（『戦史叢書43巻　ミッドウェー海戦』）。問題は「世界一を誇る高度な戦術力を有する組織、連合艦隊に足りなかったものとは何か」である。

日本軍連合艦隊空母三隻が大火災となった。しかし、空母「飛龍」だけは、防空戦のため艦隊の陣形が乱れたまま雲下を単艦北上していた。被弾当時各空母は攻撃準備中であり、七時四十五分に発令された雷装への兵装復旧は殆ど進捗していなかった。その上、空母格納庫内では九九艦爆及び九七艦攻から取り外した魚雷や爆弾が、そして取り付け中の魚雷や爆弾がところ狭しと混在してそれらが敵の魚雷発射と投弾に対する回避運動によってゴロゴロと動き回る始末で艦内は危険で最も悪い状態であった。状況は最悪であった。

十時十二分、南雲長官は、ほぼ不可能の状況の中、上空警戒機を増強するため、零戦に準備

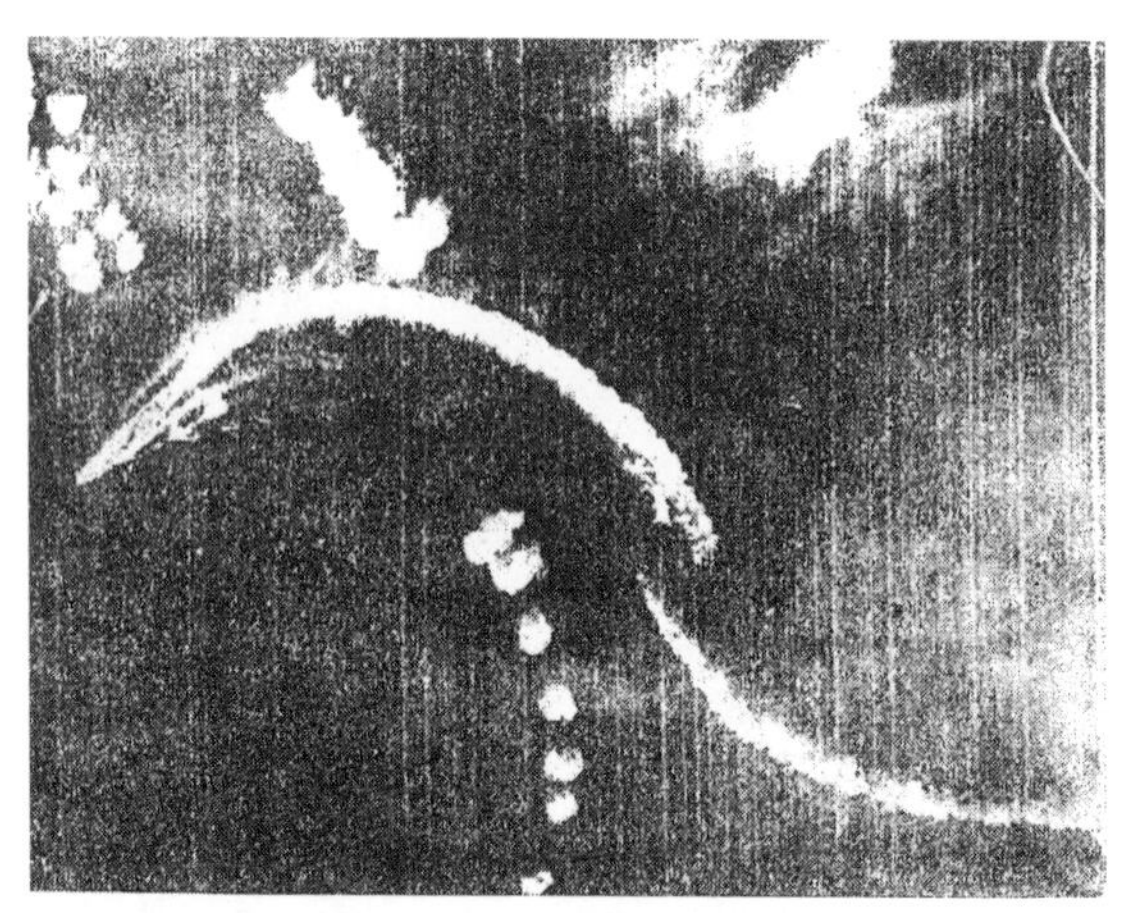

機動部隊の航空決戦　爆撃を受ける日本軍空母

出典：防衛研修所『戦史叢書43巻　ミッドウェー海戦』

でき次第発艦するよう命じた。この命令により発進が間に合ったのは、「赤城」被弾直前の一機のみであった。

一九四二年六月四日は日本軍にとって最悪の日であった。

十時二十分「エンタープライズ」航空隊飛行長マクラスキー海軍少佐は三十七機の急降下爆撃機を率いて北上中、眼下に日本軍空母艦隊を発見した。彼はその光景に驚いた。海面ではＴＢＤデヴァステイター雷撃機十数機に日本空母を直掩する零戦機三十数機が襲いかかっているではないか。高度六〇〇〇メートル、「今だ!」、彼はウィルマー・ギャラハー海軍大尉率いる第六偵察爆撃中隊に対して彼の後に続いて敵艦隊西端後方の空母「加賀」を攻撃するよう命令した。さらにリチャード・ベスト大尉の第六爆撃中隊に対して西端先頭の空母「赤城」を攻撃するよう命令した。

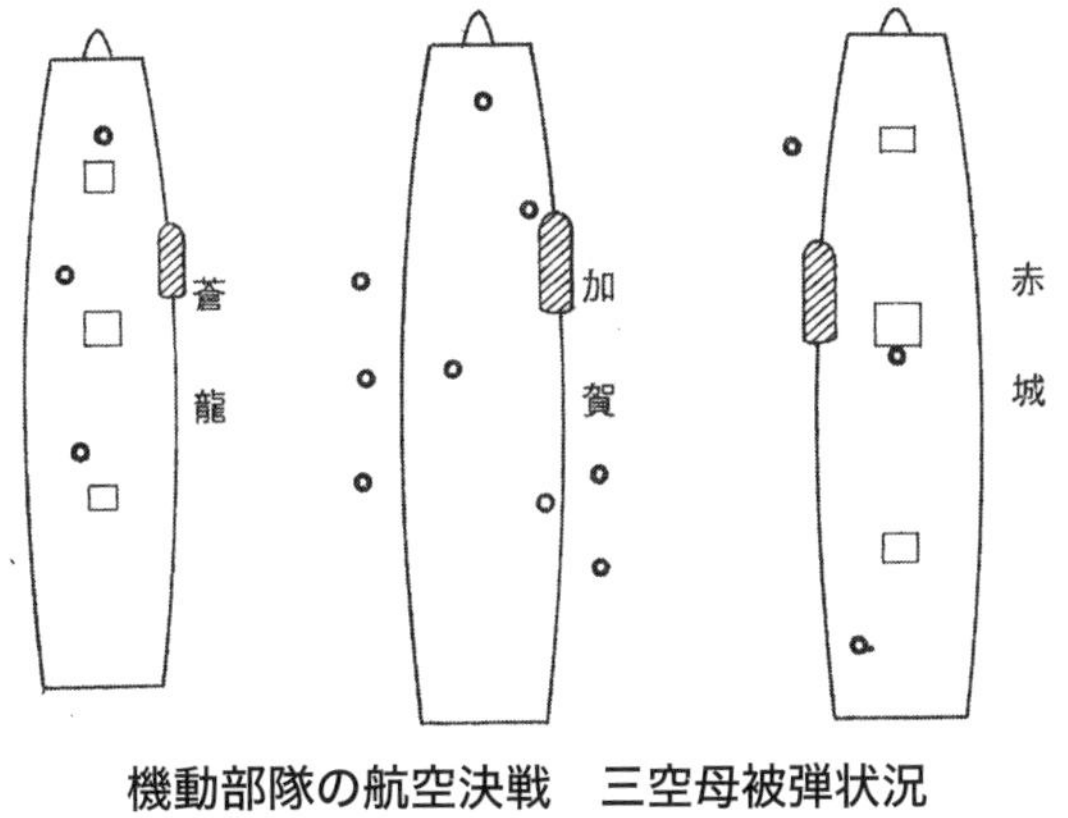

機動部隊の航空決戦　三空母被弾状況
（一航艦戦闘詳報）

出典：防衛研修所『戦史叢書43巻　ミッドウェー海戦』

ギャラハー大尉の爆撃中隊は、二二五キロの爆弾を装備していた。それは、彼らの「ドーントレス」爆撃機が、今朝まず最初に発艦する際に、後部の飛行甲板に他隊の爆撃機が並べられていくため飛行甲板全体の半分しか滑走に使用できず、四五〇キロ爆弾を装備しての発艦は困難であったのである。そのため、爆装を半分にして発艦したのであった。しかし、ベスト大尉率いる爆撃中隊は、その後の発進であったために滑走距離を得られたので四五〇キロ爆弾を装備発艦することができた。ここでマクラスキー爆撃隊に幸運もあった。それは、ベスト大尉爆撃隊機（四五〇キロ装備）中隊の三機が進入、目標機を間違えて軽装備（二二五キロ）のギャラハー大尉爆撃隊に続いて突撃して空母「加賀」を攻撃し、これが命中したと報告されている。この攻撃目標の間違いによって日本軍の全空母がアメリカ軍最強の「半トン爆弾」を等分に喰らうこととなった。

十時二十五分、マクラスキー少佐突撃に続いて空母「ヨークタウン」爆撃隊機十七機を率いたレスリー海軍少佐が到着した。彼は直ちに空母「蒼龍」へ突撃した。この空母「ヨークタウン」航空隊爆撃隊の到着は決して偶然ではなく、これを指揮するフレッチャー海軍少将の企図するところであった。彼は一カ月前の珊瑚海海戦における空母対空母航空戦における不測の事態に備えるため敵空母の位置の再確認に基づく出撃判断を重要視していた。現実に緒戦の最重要戦術は「奇襲」であり、「奇襲」をもって先制の旨とするレイモンド・スプルーアンス海軍少将に任せること、そして日本軍空母の数と位置が確認できたならば先行している攻撃隊に麾下部隊を合流させて敵を撃滅する。彼は味方索敵機による油槽艦と空母との誤認情報によって敗北の危機に陥った経験から来る珊瑚海海戦での用兵戦術から得られた、不測対応の感性を大切にしていた。従って、本海戦においてもスプルーアンス海軍少将が「奇襲攻撃」の開始について詮索しているとき、および麾下攻撃隊発艦の神経をとがらせているときにおいて、彼自らはスプルーアンス海軍少将がそのことに集中できるように索敵の任務を、また艦隊上空の警戒を引き受けてそれぞれの第十六任務部隊の用兵を進展させた。

彼は、日本軍の行動予測の全てを駆使して九時三十分にドーントレス隊十七機をミッドウェイ島北西二四〇キロに向かわせた。この二つの爆撃機隊は、申し合わせたかのように日本軍空母艦隊上空で合流した。

空母「エンタープライズ」航空隊急降下爆撃隊機ドーントレス三十七機及び空母「ヨークタウン」航空隊急降下爆撃隊機ドーントレス十七機は間断なく空母「赤城」「加賀」そして「蒼龍」に突撃していった。

十時四十六分、第一航空艇隊（一航艦）旗艦「赤城」が被弾し大

米空母ヨークタウン

出典：防衛研修所『戦史叢書43巻　ミッドウェー海戦』

火災となり当該部隊司令長官・南雲海軍中将は司令部と共に駆逐艦「野分」に移乗した。丁度その頃十時四十五分、大破した「蒼龍」は総員退去が発令された。

一航艦司令部は来襲してきた敵空母艦載機の数から推走してアメリカ軍空母は二隻程度とみていた。その上で敵艦載機航空士の降爆技倆を測り「飛龍」一隻でこれらを撃退できるものと判断していた。間もなく南雲長官は指揮機能を十分に備えた軽巡洋艦「長良」に旗艦司令部を移して指揮官の所在を示す中将旗を掲げた。

一航艦の次席指揮官第八戦隊・阿部弘毅海軍少将は「赤城」に将旗が揚がっていないことに気付き一航艦（第一機動部隊）の指揮を継承した。阿部海軍少将は、直ちに「赤城」、「加賀」及び「蒼龍」の三空母の被弾炎上を山本連合艦隊司令長官に報告した。さらに阿部海軍少将は第二航空戦隊「飛龍」（山口多聞海軍少将）に敵空母を攻撃させると同時に混乱している各部隊を集結させて作戦を再企図させることとした。またアメリカ軍空母は二隻であり（利根四号偵察機が発見した北方の一隻と筑摩五号が発見した南方の一隻）と判断していた。十時四十六分、阿部海軍少将は次いで各部隊に対して、戦況と今後の企図を通知した。その内容は「敵艦上爆撃機、攻撃ヲ受ケ『加賀』、『蒼龍』、『赤城』ハ大火災ヲ生ズ、コレヨリ『飛龍』ヲシテ敵空母ヲ攻撃セシメ機動部隊ハ一応北方ニ避退シ兵力ヲ集結セントス」及び続いて第二航空戦隊に対して「敵空母ヲ攻撃セヨ」と命令した。積極戦術で高名な第二航空戦隊司令官・山口多聞海軍少将は十時四十六分、既に阿部司令官の命を待たずして敵艦上爆撃機による降爆被弾の戦況を知るや即座にアメリカ軍空母部隊の攻撃を決意し、準備の下令と共に敵との距離をつめるために単艦で北東に進撃した。また山口司令官は、敵空母は二隻と判断しており二隻に対しては麾下部隊空母「飛龍」一隻で十分対処可能と考えていた。山口司令官は阿部司令官からの敵空母攻撃命令とほぼ同時に「全機今ヨリ発進敵空母ヲ撃滅セントス」と発信した。山口司令官は、その所在が確実に把握されている空母に攻撃隊を向けて発進させた。空母「飛龍」はミッドウェイ攻撃隊に九七艦攻を使用していたので八〇〇キロ陸用爆弾から雷装のため時間を要した。一方、九九艦爆は準備が完了しており着艦した零戦を護衛につけて十時五十分、発進させた。阿部司令官が命令を出す前に敵空母の攻撃を発令したのは、山口司令官が二航戦が現時点では主導的立場であり極めて重要な「戦機」であるとの攻勢的判断による説と、敵空母は攻撃から帰投した艦載機収容最中の弱点を衝く好機を逸がさないため急ぎの出撃を要すると判断したためである。「アメリカ軍スプルーアンス海軍少将の第十六任務部隊攻撃部隊の発進時刻の決定判断はまさしく山口少将の思慮判断と同様であったのである。」「要約としてつまり敵の脆弱点を衝くこと」に専念した結果とみるべきである（「飛龍　反撃の美学」「炎の九九艦爆隊」）。そしてこの反撃の哲学は、四月二十九日戦艦「大和」における山本長官の訓示「敵の痛いところに向って猛烈な攻撃を加えねばならない。」に通じるものがある（『戦史叢書43巻　ミッドウェー海戦』）。

反撃「炎の九九艦爆隊」

十時五十分、第一波攻撃隊は準備の間に合った九九艦爆十八機、これを護衛する零戦六機を率いて小林道雄海軍大尉が発進した。風は東方から進路は北東であった。九九艦爆は二五〇キロ通常爆弾装備十二機、六機は再転装せずそのままの陸用爆弾装備※であった。

※陸用爆弾装備で出撃した第一小隊六機の艦爆は通常二五〇キロ爆弾への転装が間に合わなかったという理由ではない。これは、山口司令官の用兵戦術であるところの戦艦甲板上の防御砲火を制圧し、第一、第二小隊の攻撃の容易と戦果の拡大を求めた論理的発想に基づくものである。

そして「飛龍」第二波の攻撃隊発進準備に取りかかった。それでも尚、山口司令官は艦隊を東方のアメリカ軍機動部隊空母に針路を取り速力二十五ノットとした。

「飛龍」から飛び立った攻撃隊搭乗員からは遠くに被弾した味方の三空母が黒煙を高くあげているのを望めた。その攻撃隊の艦爆隊員たちは自信に満ち三空母炎上の姿を背に進撃した。そこで十一時、阿部司令官は接敵継続中の筑摩五号機に「飛龍」攻撃隊を敵空母の位置に誘導せよと命じた。筑摩五号機は「敵空母ノ位置味方ヨリ七〇度九〇マイル」続いて、十一時十分「我今ヨリ攻撃隊ヲ誘導ス」と報告してきた。これに対し、指揮官の小林大尉は筑摩五号機の誘導とは別の経路を選択した。小林隊は発進後アメリカ軍艦爆機小隊と遭遇し敵空母攻撃に遅れを生じていた。「飛龍第一波攻撃隊」を発進させその後も積極的に敵方に進撃し、部隊指揮を執る阿部司令官がこれを追認する形となった。「飛龍」は攻撃隊発進後上空で着艦待機中であった上空警戒機及び「赤城」索敵飛行機隊の零戦七機を収容、「加賀」から零戦九機、「蒼龍」から零戦四機、艦攻一機が「飛龍」に着艦した。

それより前、十一時三十分、南雲長官の「長良」への移乗が完了し、第一機動部隊の阿部司令官は同長官の指揮発動を全部隊に告知した。また、「飛龍」第一波攻撃隊の戦果拡大を企図して「今ヨリ第八、第三、第十戦隊ヲ以テ攻撃シタシ」と進撃を具申した。南雲長官は、部隊を集結させてしばらく待つように命じ、突入準備を進めなかった。「飛龍」艦戦六機艦爆十八機（艦戦二機引き返し）は猛烈な反撃を突破した。「飛龍」第一波攻撃隊の艦戦四機及び艦爆十八機は、敵空母「ヨークタウン」を強襲して大火災を生じさせた。しかし、日本軍攻撃隊も艦爆十三機と艦戦三機を失ったのである。これより前、空母「ヨークタウン」戦闘指揮所の捜索レーダーが「十二時」日本軍機を南西四十六マイルに採知した。アメリカ軍重巡洋艦二隻と駆逐艦五隻が対空戦闘陣形を取るとともに、直ちにF４F（ワイルドキャット）十二機を緊急発進をさせた。「十一時二十分」、「飛龍」の第一波攻撃隊は母艦に帰投途中の「エンタープライズ」所属の艦爆隊（ドーントレス）を発見し、これが日本軍空母艦隊攻撃へ向かう爆撃機と間違えて第一波零戦隊の二機が迎撃に向かった。二機の内一機が弾薬を使い果たして帰還、一機が被弾不時着した。零戦は四機となった。攻撃隊は索敵機筑摩五号機からの誘導電波を頼りに進撃した。そしてついに空母「ヨークタウン」を発見したのである。しかし日本軍攻撃隊は「ヨークタウン」F4F十二機直掩機の迎撃により零戦三機と九九艦爆十機が撃墜され、九九艦爆八機のみが攻撃した。艦爆機は急降下中さらに三機が被弾自爆したが、五機が投弾に成功、三発が命中、一発が上部構造物を貫通してボイラー室に火災を発生させ、空母「ヨークタウン」は動力を失い航行不能となったのである。空母「ヨークタウン」に座乗するフレッチャー海軍少将は重巡洋艦「アストリア」に移乗した。

この攻撃による日本軍の損害も極めて大きかった。指揮官小林大尉機（九九艦爆）十三機、艦戦三機が撃墜された。攻撃隊は十二時十分「敵空母爆撃ス」「敵空母火災」を報じたのである。

攻撃隊は、十三時二十分までに「飛龍」上空に到着し、同艦の第二波攻撃隊の発進後十三時三十八分収容された。収容されたのはわずかに艦爆五機、艦戦一機であった。

山口海軍少将の必至の反撃「飛龍」第一波攻撃隊は、九九艦爆十三機と零戦三機を失う。大損害を出した。しかしその一機の零戦も不時着、艦爆一機は修理不能、修理後作戦可能な艦爆は二機と零戦一機が現実であった。「飛龍」第一波攻撃隊は、空母（「ヨークタウン」）に通常爆弾三発、陸用爆弾一発を命中させ、「大破あるいは大火災、撃沈」と報告した。その「ヨークタウン」は、「十四時」すぎには火災を鎮火し速力二十ノットを発揮して作戦可能となっていた。そしてその十五分後アメリカ軍戦闘機の追撃を受け回避した筑摩五号機は、これまで発見報告されていなかった別のアメリカ軍機動部隊（空母一隻を含む）を発見した。

十二時、南雲長官も旗艦「長良」と共に第三戦隊（戦艦：「榛名」、「霧島」）、第八戦隊（「利根」、「筑摩」）駆逐艦四隻を集合編成して速力三十ノットで北東に向かった。「飛龍」の第一次攻撃隊の戦果が報告された直後、筑摩五号機は、十二時二十分、先に報告したアメリカ軍機動部隊の東方に新たに空母らしい一隻を含む空母群部隊が北上しているのを発見報告した。南雲長官はこの報告を受けて出撃準備中の「飛龍」の第二波攻撃と策応して水上打撃戦を企図した。また、駆逐艦「嵐」は海面漂流中の「ヨークタウン」雷撃機隊員オスマン予備少尉を救助し尋問した。その結果アメリカ軍機動部隊の主要兵力の全容が見えてきた。

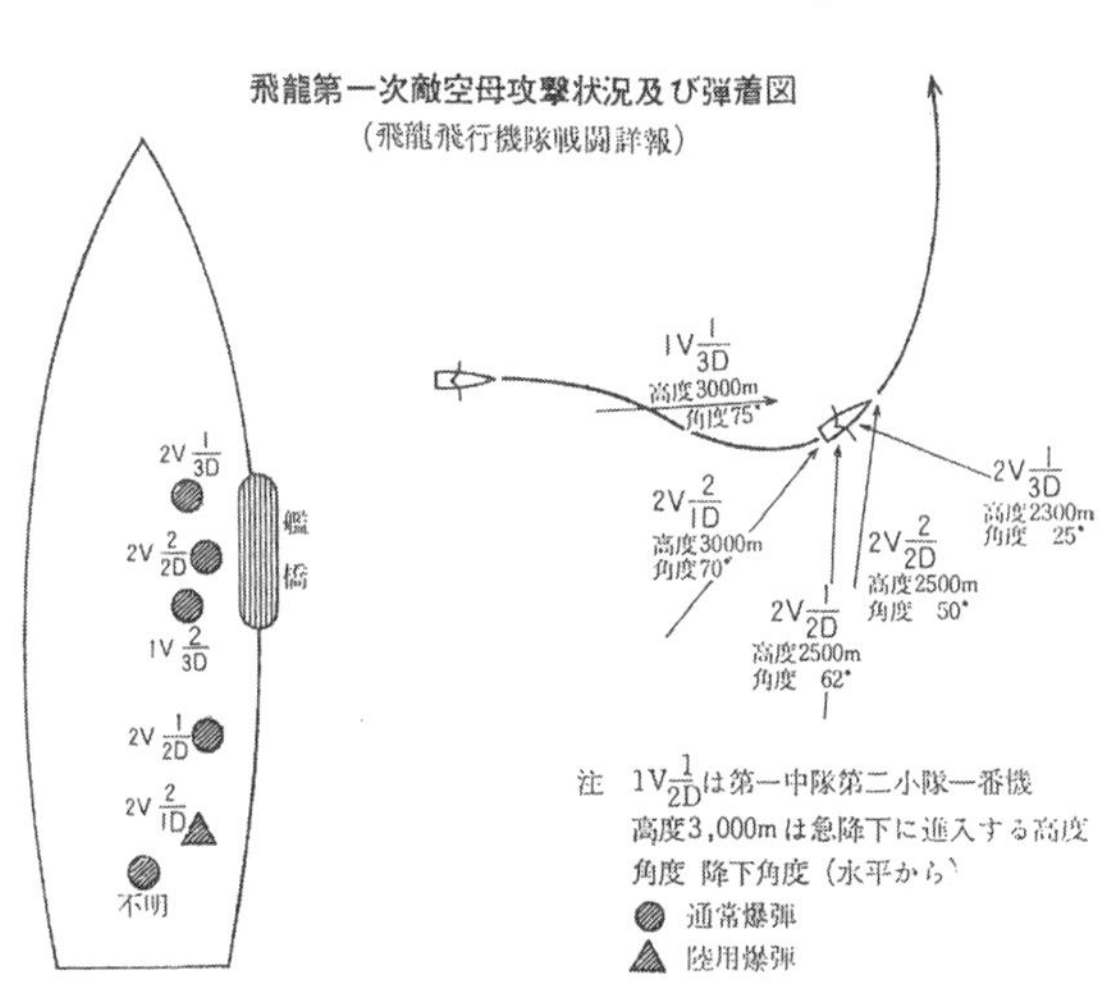

飛龍第一次敵空母攻撃状況及び弾着図（飛龍飛行機隊戦闘詳報）

出典：防衛研修所『戦史叢書43巻　ミッドウェー海戦』

「飛龍」第一波敵空母攻撃隊編成表

出典：防衛研修所『戦史叢書43巻　ミッドウェー海戦』

指揮官	中隊長	小隊長	機種	操縦員	偵察員	記事
大尉　小林道雄 大尉　小林道雄	大尉　小林道雄	大尉　小林道雄	九九式艦爆	大尉　小林道雄	飛曹長　小野義範	自爆
				一飛曹　山田喜七郎	一飛曹　福永義暉	同右
				三飛曹　坂井秀男	三飛曹　山口武市	同右
		大尉　近藤武憲		大尉　近藤武憲	飛曹長　前田孝	同右
				二飛曹　中尾信通	一飛曹　岡村榮光	同右
				一飛曹　關政男	一飛　田中國男	同右
		一飛曹　今泉保		一飛曹　今泉保	一飛曹　數馬理平	同右
				二飛曹　土屋孝美	二飛曹　江上早太	
				三飛曹　小泉直	二飛曹　萩原義昭	自爆
		大尉　山下途二		飛曹長　西原敏勝	大尉　山下途二	同右
				一飛曹　松本定男	一飛曹　安田信恵	

	大尉　重松康弘
大尉　山下途二	大尉　重松康弘
飛特少尉 中山七五三松／飛曹長 中川靜夫	大尉 重松康弘／飛曹長 峯岸義次郎
	零式艦戦

三飛曹 黒木順一	一飛 水野泰彦	自爆
飛曹長 中澤岩雄	飛特少尉 中山七五三松	
一飛曹 瀬尾鐵男	三飛曹 村上親愛	
三飛曹 近藤澄夫	三飛曹 川淵義秋	自爆
飛曹長 中川靜夫	一飛曹 大友龍二	
二飛曹 池田高三	三飛曹 清水巧	自爆
一飛 淵上一生	一飛 中岡義治	同右
大尉 重松康弘		
二飛曹 戸高昇		自爆
一飛 由木末吉		同右
飛曹長 峯岸義次郎		引き返す
一飛曹 佐々木齋		引き返す（？）
三飛曹 千代島豊		自爆

その内容は、空母「ヨークタウン」、「エンタープライズ」、「ホーネット」で巡洋艦六隻、駆逐艦約十隻、「ヨークタウン」はこれらとは別の巡洋艦二隻、駆逐艦三隻の集団を形成していることが判明した。また「ヨークタウン」の艦載機数は、戦闘機（F4F）二十七機、急降下爆撃機（SBD）十九機、偵察爆撃機（SBD）十九機、雷撃機（TBD）十二機であった。

十三時十五分、第八戦隊・阿部海軍少将は南雲長官の命令直卒で行動中の各艦（「霧島」、「榛名」、「利根」、「筑摩」）に対して索敵機を発進させるよう命じた。連合艦隊はこれまでのアメリカ軍兵力についてその全貌とその行動についての報告を受けこれを了承していたが、十時十分、南雲長官は、連合艦隊山本長官から「敵艦隊攻撃」の命令電報を受領していた。しかし、南雲長官にとっては空母戦と水上打撃機の複合戦闘どころか近距離にある三隻の敵空母に対する攻撃が差し迫っていたのである。山口司令官は第二波攻撃隊を、十二時二十分、筑摩五号機が新たに発見報告したミッドウェイ島東方の敵空母に向けて発進させた。

反撃「炎の雷撃隊」

十三時三十分、「飛龍」は遅れて第二波攻撃隊「艦攻（雷撃）十機、零戦六機」を発進させた。このうち零戦二機は「飛龍」に着艦した空母「加賀」所属機、艦攻一機は「赤城」所属機であった。このように艦攻（雷撃）が少なかったのは、ミッドウェイ攻撃の際に受けた被害が大きかったためである。「飛龍」では損傷機の応急修理を急ぎ一機でも攻撃兵力を追加しようと努力した。従って母艦が火災となった「赤城」の艦攻もまた「加賀」の零戦二機も攻撃隊として出撃した。

その後直ちに筑摩四号機索敵機も発進した。筑摩四号機の発進に続いて「飛龍」第一波攻撃隊が「飛龍」に着艦した。さらに十三時四十五分、「二式艦偵」が着艦し索敵報告を行った。二式艦偵は三個群のアメリカ軍の機動部隊に接敵したが通信機故障で発信できなかったと報告した。この時点で山口司令官は索敵機からの報告を統合し判断した。彼はエンタープライズ型空母二隻にホーネット型空母が存在していることを認めた。十四時、利根四号、三号機が給油を終えて発進した。

「飛龍」第二波攻撃隊は進撃中、十四時三十分、右九〇度約三十五マイルに敵空母を発見した。その位置は攻撃隊が発進する前に与えられた情報とは異なっていたが、その空母には火災を認めなかったので「飛龍」第二波攻撃隊指揮官は、何ら疑問を抱くことなく「ヨークタウン」とは別の無疵の敵空母と判断したようである。

指揮官はこれに進撃し、十四時四十分、突撃を下令した。天候は晴れ、視界七十キロ、雲高五〇〇〇メートルに断雲あり。

突撃下令後F4F戦闘機約三十機が前方上空から行く手を塞いだ、護衛の零戦制空隊は空戦を開始した。劣勢の形成であったが死闘の中十一機を撃墜した。「飛龍」第二波攻撃隊も零戦

「飛龍」第二波攻撃隊

出典：防衛研修所『戦史叢書43巻　ミッドウェー海戦』

編制		指揮官		操縦員	偵察員	電信員	記事
第一中隊	第一小隊	大尉　友永丈市	大尉 友永丈市	大尉 友永丈市	飛特少尉 赤松作	一飛曹 村井定	敵上空にて自爆
				一飛曹 石井善吉	一飛曹 小林正松	三飛曹 島田直	同右
				一飛曹 杉本八郎	一飛曹 肱黒定美	三飛曹 谷口一也	同右
	第二小隊		飛曹長 大林行雄	飛曹長 大林行雄	一飛曹 工藤博之	一飛曹 田村滿	同右
				一飛 鈴木武	一飛曹 齋藤清酉	二飛曹 鈴木睦男	同右
第二中隊	第一小隊	大尉　橋本敏男	大尉 橋本敏男	一飛曹 高橋利男	大尉 橋本敏男	三飛曹 小山富雄	
				二飛曹 柳本拓郎	一飛曹 衛藤親思	二飛曹 笠井清	
				三飛曹 永山義光	一飛曹 中村豐弘	一飛 小濱春雄	

		制空隊					
第二小隊		第一小隊		第二小隊		第三小隊	
		大尉　森茂					
飛曹長 西森進		大尉 森茂		飛曹長 峯岸義次郎		一飛曹 山本昇	
飛曹長 鈴木重雄	一飛 中尾春水	大尉 森茂	二飛曹 山本亨	飛曹長 峯岸義次郎	一飛 小谷賢次	一飛曹 山本昇	三飛曹 坂東誠
飛曹長 西森進	一飛曹 丸山泰輔						
一飛曹 堀井孝行	一飛 濱田義一						
（赤城）不投下		敵上空にて自爆	同右			敵上空にて自爆	

二機を失った。しかし、この敵戦闘機十一機の撃墜は雷撃隊の突撃に大きく貢献した。雷撃機全十機が突入できた。アメリカ軍空母部隊は、空母一隻を中心に巡洋艦五隻、駆逐艦十二隻で半径一・五キロの輪型陣で警戒態勢をとり東に向かって進行していた。

雷撃隊は、第一中隊（五機）は右、第二中隊（五機）は左に分かれ、激しく迎撃するアメリカ軍空母戦闘機の攻撃を掻いくぐり、尚も熾烈な対空砲火の危険を乗りこえて敵空母に肉薄、挟み撃ちにした（別図）。第一中隊は全機被弾、第二中隊は十四時四十四分から二分の間に魚雷発射攻撃を敢行した。魚雷は空母「ヨークタウン」の左舷中央部に三本命中（二本命中の説もある）し、命中魚雷の水柱に引き続いて同空母の煙突や艦の中央部から爆発と思われる濁った褐色の煙が立ち昇っ

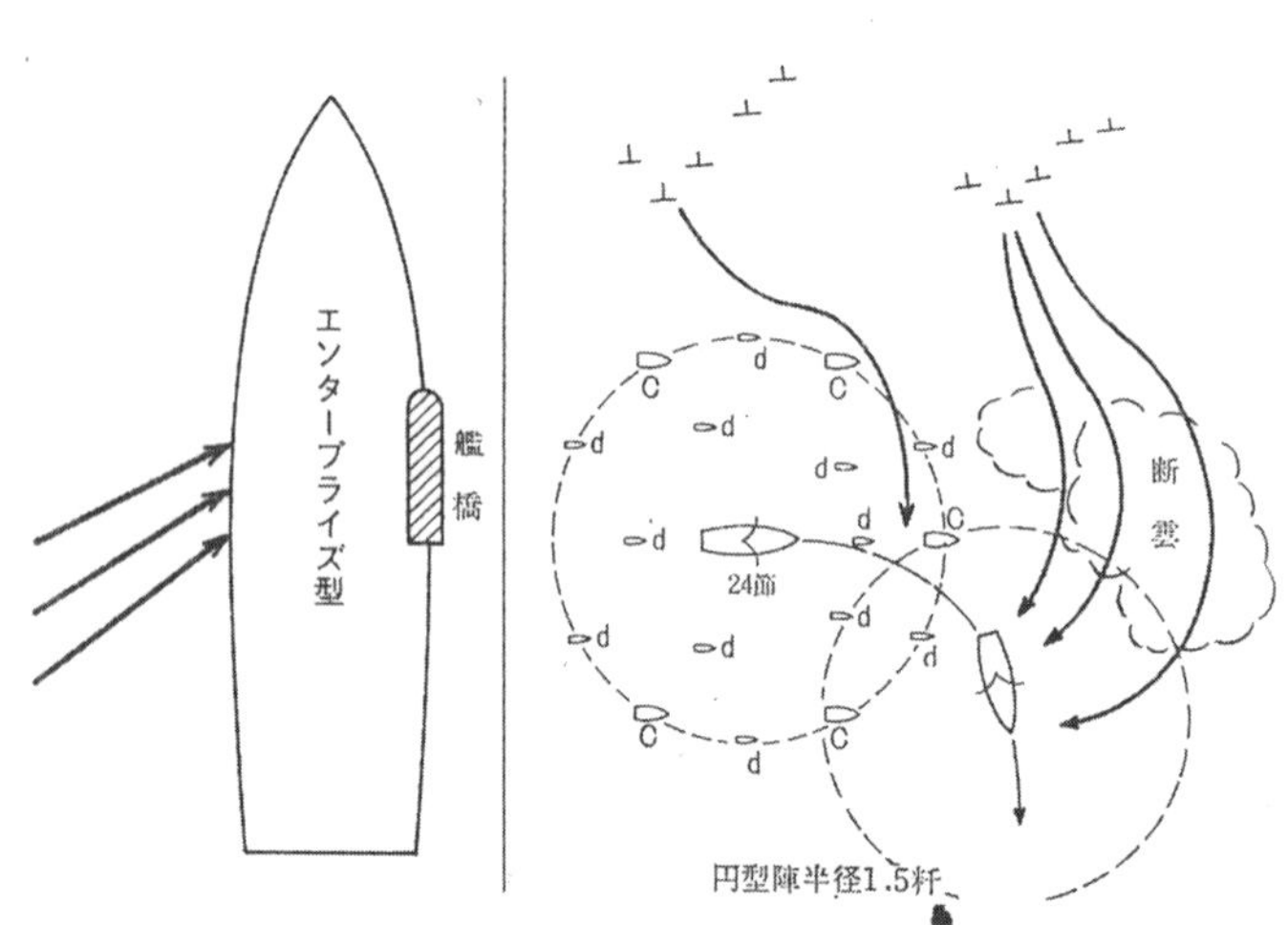

第二次攻撃状況、命中状況（飛龍飛行機隊戦闘詳報）

出典：防衛研修所『戦史叢書43巻　ミッドウェー海戦』

た。その後、間もなくして高さ四五〇〇メートルにも達する大爆発を認めた（別図）。また同じころ、空母の後方にいた敵大型巡洋艦が大爆発して爆煙は空高く尾を引いた。この大型巡洋艦の爆発は予期せぬ魚雷の命中によるものと考えられる。しかし、この予期せぬ爆発は第二波攻撃の成果報告の中に空母の『後方にも別の一隻の空母』の炎上を認める内容があり、この報告では山口海軍少将が敵空母二隻大破させたと判断し、かつ残存の敵の空母は一隻と決定づけたと思われる（別図）。

友永大尉出撃

「飛龍」第二次攻撃隊準備中、ミッドウェイ島攻撃を終了して帰投していた友永大尉の使用機は左翼メインタンク（３５０ℓ）と機体（胴体）付け根付近に被弾孔があり、燃料漏れをおこしていた。第二中隊長の橋本大尉は修理を待つか、飛行機を変更することを進言した。しかし、友永海軍大尉は、今出撃可能の九七艦攻雷撃機は友永機を含めて十機であり、一機も欠くことはできないと判断した。同大尉機の左主翼燃料タンクは使用できなかったが「敵は近いから十分帰れる」と、部下の進言を退けて片道燃料で出撃した。友永大尉機三名が搭乗していた。友永大尉（操縦、魚雷発射）、後席前席赤松少尉（偵察）、最後部席村井一飛曹（通信）が三者一体となられ「神の領域」に漥せられた。

このように自爆した悠久に帰らぬ戦士達は数万に及ぶ。本稿では「飛龍」第一波攻撃隊及び第二波攻撃隊の隊員を「別紙」により掲載してその事実を知ることによって日本国民として改めて先人達の犠牲に対する畏敬の念を感じるところである。

なお、「飛龍」第二波空母攻撃隊第二中隊長であった橋本大尉はその回想の中で、真珠湾攻撃の際は恐ろしいという気持ちがあったが、この攻撃中恐ろしいなどということは一回も考えたことはなかった。と述べたとの記述をみた。

友永丈市大尉機の自爆（『戦史叢書43巻　ミッドウェー海戦』３５７頁）

「飛龍」第二波第二中隊二番機の偵察員で、最後に魚雷を発射した丸山一飛曹は、友永機が魚雷発射直後に敵の砲火を受け火焔が機体を包んで上昇し、燃えながら敵空母の艦橋付近に突入自爆したことを報告した。それ以降は自機が空戦に入ったので確認できなかった。友永機は敵空母との位置関係が最適発射位置を得られず熾烈な対空砲火の中でやり直して、魚雷発射を敢行したものと思われる。魚雷は姿勢回復して発射されたが、命中しなかった。

（自爆について。我が海軍の航空界には、先輩が築きあげて伝統となっていた「任務のためには生命を考えない」という気風が特に強かった。これを「海軍航空」気質と称して自慢に思っていた。これが開戦前我が海軍航空の戦力を大いに高めた）

第二中隊（橋本敏男海軍大尉）は、十四時四十五分、空母「ヨークタウン」への雷撃、魚雷三本命中、十五時十五分ヨークタウン型空母を雷撃したことを報告した。攻撃隊は、十五時三十五分「飛龍」上空に帰投し十五時四十五分着艦を終えた。この「飛龍」第二波第二中隊の突撃進入路は断雲が前方五〇〇メートル付近に浮遊しており敵防禦艦からは突入する日本軍雷撃隊を隠す効果となったと思われる。天が味方した。

山口海軍少将は、帰艦した搭乗員の報告を総合的に分析して、十六時十五分、「敵空母二隻大破」を全軍あてに電報により通報した。

この第二波攻撃で、雷撃隊は敵戦闘機（F４F）二機を撃墜した。しかし、日本軍攻撃隊も五機の艦攻雷撃機を喪失、帰艦するも修理不能廃棄四機、使用が可能と判定された九七艦攻雷撃機は僅かに一機の損害であった。しかし、この攻撃戦果は、南雲長官、山口海軍少将他日本軍将兵にとって予想を超える成果であった。そして、その要因として「命知らず」の戦闘機隊の活躍があった。

（重要状況として、「飛龍」第二波攻撃隊が「飛龍」に帰艦後山口海軍少将に報告した中に、雷撃後「第一波攻撃隊の攻撃により大火災を生じた空母と思われる炎上中の艦船の爆発らしい褐色の煙を認めた。」とある。さらに当該空母の東方約三十マイルを高速で東進する「三重の円形陣のアメリカ軍空母部隊を視認した。」とある。結果として日本軍空母「飛龍」はこの空母部隊による攻撃を受けることとなったのである。その空母は、スプルーアンス海軍少将指揮

下の第十六任務部隊空母「エンタープライズ」もしくは「ホーネット」であったと推察する)

情勢判断(日本軍)

日本軍第二航空戦隊司令官・山口多聞海軍少将は着艦した索敵機から直接報告を受け、アメリカ軍空母は三隻であることを確認した。そして十四時、その旨を全軍に通報した。また、第四駆逐隊は、十三時には捕虜情報として、敵空母は三隻であると報告していた。

ここで日本軍としてようやく彼我の戦力「状況不明」が解決され「アメリカ軍」空母は三隻であることが判明した。

山口海軍少将は、「飛龍」第一波攻撃隊の小林大尉隊が攻撃を行った空母と第二波攻撃隊友永隊の攻撃を合わせてアメリカ軍空母ヨークタウン型二隻に大破以上の損害を与えたものと判断し、同一の空母を二度攻撃したことには気づいていなかった。これにより南雲長官は、二波にわたる攻撃を敢行しアメリカ軍空母三隻は一隻を除いて全て排撃され戦況は順調に推移しているものと判断していた。これは第二波攻撃隊の報告の中に「別の空母炎上中」と追加情報があったためであった。

空母「ヨークタウン」を航行不能とされたフレッチャー海軍少将は、スプルーアンス海軍少将からの「何か指示がありや」の信号に対して「なし」の回答をして、「貴官の作戦指導を尊重する」をもって全権委譲の意志を示した。五月二十七日のニミッツ海軍大将、スプルーアンス海軍少将及びフレッチャー海軍少将との三者打ち合わせの中で作戦行動は現場に任せ切ることの大切さを相互に確認しており、フレッチャー海軍少将が今実行したのである。

被弾（空母「ヨークタウン」）

これより先空母「ヨークタウン」が日本軍爆撃機の攻撃を受けていることをスプルーアンス海軍少将に報告してきた。スプルーアンス海軍少将は空母「ヨークタウン」のことは考えてもいなかった。しかし、水平線の彼方の視界外のところに「ヨークタウン」が散開隊形で航走していることは知っていた。その「ヨークタウン」が高角砲を打ち上げて対空戦闘を行っているのがわかった。その高角砲の砲弾の黒い爆煙が青く遠い空に浮いて流れていた。それを見て日本軍爆撃機による猛爆の様子を想起していた。

しかし、空母「エンタープライズ」も空母「ホーネット」も帰還する飛行機を収容中であり、彼は今このために危険に陥っている空母「ヨークタウン」をそのままにして遠ざかる方向に高速で航走しなければならなかった。スプルーアンスは、危機に陥っている空母「ヨークタウン」を護衛するために「ヨークタウン」に近づくことはしなかった。遠くに被害を受けた「ヨークタウン」のものであろう、黒いもくもくとした油煙墨の煙が立ち昇っていた。しかしスプルーアンス海軍少将は、空母「ヨークタウン」の損傷の程度について知る由もなかった。彼は空母「ヨークタウン」が非常に大きな損害を受けているものと想像できた。彼はその状況下であったが、巡洋艦二隻と駆逐艦二隻を自らの護衛部隊から削って空母「ヨークタウン」の救援に向かわせた。第十六任務部隊にとって、このいっときが最も大きな危機であった。第十六任務部隊旗艦空母「エンタープライズ」司令部は騒然としていた。スプルーアンスは思考を転換した。その司令部の中にあって本日中に取るべき行動について考えをめぐらせていたのである。

彼は、日本軍の空母四隻の内の一隻が損害を受けておらず、その空母艦載機が現在集中的に空母「ヨークタウン」を攻撃しており大きな成果を収めていると察知していた。また彼はこの状況がやがてスプルーアンス海軍少将自身の艦隊に迫り最大の脅威となることを予知していた。そこで彼は、焦眉の急を打開するにはこの無傷の日本軍空母を撃滅すること以外に策はないと判断した。つまり彼は、指揮下の空母二隻を喪失することなく敵空母を壊滅できると判断したのである。「日本軍空母は西方（七〇度）約九十マイルであった」

スプルーアンス海軍少将は日本軍第四の空母の概略の位置は知っていた。しかし日本軍の位置情報は十時に発見したときの古い情報で、それから二時間以上も経っており、その後の動静は杳として知れていなかったのである。そして彼は推測として、この敵空母が二十五ノットで行動しているとすれば午後の攻撃準備が整ったそのときには、当該空母は何十マイルもの距離を遠ざかっていることと考えていた。スプルーアンスは生き残っている日本軍空母の最新の位置が確認できるまで爆撃隊の発進を遅らせることにしたのである。彼は、戦況推察の中で「奇襲」の成立が、偶然がかった代物でなく堅実な情勢判断の結果であることを認めた。

彼がこのような決定を下したのには確かな根拠があった。また彼の作戦の方針を大幅に、かつ思い切って変更した結果でもあった。この思考の展開の幅の広さと思考の落差こそが彼の必勝の能力を引き出した。午前中の攻撃において彼は、いかなる犠牲を払っても「奇襲」先制、まず自分から先に日本軍に攻撃を加えたいと一途に思っていたため、敵発見という、ただその一点の情報を頼りに全力をあげて日本軍空母艦隊の攻撃に向かわせたのであった。しかし戦局の展開の変化はこれ以上犠牲のない攻撃をして「確実」かつ「手早く」が求められる様相となっていた。スプルーアンス海軍少将は、日本軍第四の空母の概略の位置を知りながら爆撃隊の発進を遅らせていた。しかもスプルーアンスは、こうしている間に自らの空母部隊が日本軍の攻撃を受けることになるかもしれないのであり、これを承知の上での待機であったし、彼自身がそのような状況を避けたいと思っていた。待つことには危険を孕(はら)んでいた。

スプルーアンスはなぜ参謀長ブラウニングの意見を押さえ込んでまで待つことを決定したのか。彼自身が実施した午前中の攻撃に関する自己分析の中で最も重要な論点は、一時間もの時間が過ぎ去った敵発見の索敵情報をもとにして、日本軍を探し求めて突き止め攻撃を加えることがいかに困難なものであって、その結果はその時の運によって大きく左右されることである。第十六任務部隊麾下の空母「エンタープライズ」及び空母「ホーネット」の各航空隊は幾つかの雷撃、急降下爆撃のグループに分散したまま海上をさまよい飛行を続け、「ホーネット」を発進した急降下爆撃飛行隊は結果的には日本軍空母艦隊を発見することはできなかったのである。アメリカ軍の空母艦載機攻撃隊はまさしく偶然に日本軍空母艦隊を発見して攻撃を敢行できたのであり、しかもその攻撃は各攻撃機種別々にさらに各航空隊別々となったため、雷撃機はその戦闘機の援護がなくその殆どが日本軍空母艦隊上空直掩の零戦によって撃ち墜とされてしまったのである。他にもドーントレス急降下爆撃機、偵察爆撃機は母艦へやっと辿り着くだけの燃料の残量で攻撃に参加、とうとう辿り着けなかったのである。実に多くのアメリカ軍艦載機が日本軍空母艦隊を求めて無作為な捜索飛行を強いられ燃料が欠乏し、海上に不時着し人命もろとも失われてしまったのである。「もう少しのところで午前中のアメリカ軍の攻撃は散々な目に遭うところであった。」スプルーアンス海軍少将は用兵思想の変更を余儀なくされる状況にあった。なぜなら「その成功は三十七機のドーントレスを率いていた空母『エンタープライズ』航空隊飛行長マクラスキー海軍少佐と、同じく三十七機のドーントレスを率いていた空母『ヨークタウン』爆撃機隊長レスリー海軍少佐との奇跡に近い会合と幸運のおかげでもあった。」からである。「この海戦で最も重要な事項がこの幸運の背景にある。この幸運についてまずこれら両空母二つの爆撃隊の会合は、ラッキーなランデブーでないことを知っておくべきである。つまり、世に言う合戦観の勝利である。『合戦観』つまり勝利のベースは、『戦術』

を工夫し、戦術をもって味方を動かす攻撃の果敢性である。スプルーアンス少将には、果敢を基本としたことである。」

次に彼が考えなければならない事は、空母の運用についてであった。空母「エンタープライズ」及び空母「ホーネット」においては、午前中の攻撃から帰還してきた飛行機は弾薬、燃料の補充を必要としていた。しかし、空母の甲板上では艦隊上空直掩の戦闘機中隊の発着艦作業があるほかにも「ヨークタウン」の生き残りの飛行機を収容させる必要があった。「ヨークタウン」は近くの海上で炎につつまれ行動停止の状態となり着艦収容は不可能であった。このような艦内、甲板上の状況における最善の策は空母の防護であり、直ちに日本軍第四の空母に攻撃機隊を発進させようとしても麾下の空母の保全が確実でない限り攻撃発進は無謀であると考えていたと思われる。そして彼は、攻撃と守勢の兵力運用転換のやり取りの限界点をさまよい、超越した忍耐力をもって空母の運用を的確に行っていたのである。しかし参謀長ブラウニングは、スプルーアンス海軍少将の発艦待機の決定に反対し、直ちに第二波攻撃隊を発進させるよう決定の変更を求めたのである。しかしスプルーアンスは日本軍の第四の空母の正確な位置を確認するまで攻撃部隊を発進させる意志は変える気もなかった。彼は指揮下の各空母に運用上の余裕を与え十分な兵力を整えて攻撃を実施させる計画であった。勿論彼の指揮下の空母「エンタープライズ」及び「ホーネット」が近くにいる日本軍機によって攻撃を受ける危険を考慮の上での戦術であった。彼は、現状事象の事柄全てを優先の同列の順位に置くことはしなかった。彼は、日本軍第四の空母を確実に仕留めるには「多勢の一撃」であることの信念を貫いた。

しかし、彼はこの時点で日本軍第四の空母の正確な位置は知らなかったにもかかわらず索敵機を一機も発進させていない。もしそうであれば彼の求めていることと、実施すべき事項が整合していないのである。指揮下の空母二隻から、また巡洋艦から索敵機の発進は十分可能であった。この事情に係わる日本軍側の著述（『戦史叢書43巻　ミッドウェー海戦』）に次の事象の記録があった。それによると、「飛龍」は十四時三十分、敵機二機を遠距離に発見し、上空警戒機をこれに指し向けたが捕捉できなかった。日本軍は近くアメリカ軍の空母機の来襲を予期し警戒を厳にしていた。この二機の索敵機は「ヨークタウン」が攻撃を受ける前にフレッチャー少将が放っていたVS－5、ウオーレンス・ショート大尉率いる「ヨークタウン」第五哨戒機中隊のSBDドーントレス哨戒爆撃機である。フレッチャー海軍少将はアメリカ軍全軍の指揮をスプルーアンス海軍少将に任せると同時にスプルーアンス海軍少将にとって最も重要な日本軍四隻目の空母の位置を確認するために彼を援護をしていた。またもう一つ考えられることは、スプルーアンス海軍少将は午前中の攻撃でドーントレス十四機を喪失しており、第二次攻撃に充てる急降下爆撃機の機数が不十分と考えて、残った飛行機の中から何機かを索敵で出撃させれば攻撃に使用するための爆撃機が十分確保できなくなると判断していたことと思われる。しかし、スプルーアンス海軍少将は誠に強運であった。前述のとおりフレッチャー海軍少将は、日本軍の第一波攻撃によって空母「ヨークタウン」が被爆して指揮機能を失い、以降スプルーアンス海軍少将に指揮の全権を委任したが、現戦場においてアメリカ軍の最先任の提督として、スプルーアンス海軍少将の作戦指揮を全面的に支援するために「ヨークタウン」の索敵哨戒機に残りの日本軍第四空母の捜索を続けさせていたのである。

午後二時が過ぎた頃になって空母「エンタープライズ」と「ホーネット」は次の戦闘における攻撃隊を発進させる準備を完了させた。しかし、スプルーアンス海軍少将は敵空母発見の報告を待ち攻撃隊の発進を押さえていたのである。

「状況は不明」下、いかにもスプルーアンス海軍少将の判断が厳しい状況になりつつあるように思われた。

しかも、十四時三十分、動静不明の日本軍空母艦載機の第二波攻撃隊が「ヨークタウン」を攻撃した。スプルーアンス海軍少将にとっては、またしても「ヨークタウン」から遥か海上にいて友軍空母が攻撃をうけているのを何も打つ手もなく見守るほかに方法もなかったのである。

第一波及び第二波の日本軍艦載機による空母「ヨークタウン」への攻撃は、同艦が日本軍第四の空母とアメリカ軍空母艦隊（「エンタープライズ」と「ホーネット」）の中間地点及びほぼ直線上に位置しており日本軍艦載機の攻撃目標となってしまったのである。「ヨークタウン」は二度目の空襲を受け、十四時四十三分、全ての機能が停止した。

しかし、その二分後の十四時四十五分、「ヨークタウン」索敵哨戒機（サッチ・アダムス大尉）がアメリカ軍空母艦隊の西方（七〇度）百十マイルの地点において空母一隻と巡洋艦三隻

（「利根」、「筑摩」、「長良」）、戦艦一隻（「榛名」）及び駆逐艦四隻で編成された日本軍空母艦隊の発見を報告、さらに当該航空艦隊は速度十五ノットで北上中と報告した。スプルーアンスはいつも携行している海図にその位置を記して、参謀長ブラウニングに向かって日本軍空母艦隊に対する「第二波の攻撃部隊の発進」を命じた。

日本軍空母「飛龍」発見の報告を受信したスプルーアンス海軍少将は「エンタープライズ」から同航空隊ウイルマー・ギャラハー海軍大尉率いる爆撃隊及び同艦に回避収容中の「ヨークタウン」爆撃中隊デイブ・シャムウェイ海軍大尉率いるＳＢＤドーントレス爆撃隊合計二十四機を発進させた。十五時三十分、「エンタープライズ」は風に向かって立ち、爆撃機ドーントレスを率いるギャラハー大尉機が先頭発艦で飛行甲板を蹴った。この二十四機の約半数の爆撃機は空母「ヨークタウン」爆撃隊の生き残りであった。

しかし、僚艦「ホーネット」に乗艦していたマーク・ミッチャー海軍少将は何事が起こったのか不思議であった。なぜ「エンタープライズ」は攻撃機を発進させているのか。信じ難いことに空母「ホーネット」にはスプルーアンス海軍少将の発進命令が伝わっていなかったのである。十五時三十九分、「ホーネット」に対して戦闘機を除く攻撃隊の発進を命じた。空母「ホーネット」攻撃隊は、十六時五分発進を開始した。その爆撃機隊ドーントレス十六機は、発艦すると西方に向けて三十五分前に発進した「エンタープライズ」の爆撃機隊の後を追った。「ホーネット」爆撃隊は日本軍第四の空母上空に遅れて到達したため攻撃に間に合わずに、他の巡洋艦に攻撃を加えた。

この日「エンタープライズ」及び「ホーネット」の二隻の空母を擁するアメリカ軍機動部隊は、日本軍生き残りの第四の空母を発見し、これを攻撃するに当たってアメリカ海軍の基本戦術である集中兵力による「調整攻撃」を実行できる環境にあったのであるが、緒戦の攻撃に続いて、またもやこれを実施できなかったのである。しかも、今回はその攻撃目標は空母一隻であったが、今回もまた「エンタープライズ」及び「ホーネット」別々の発進となっていた。スプルーアンス海軍少将にとって再び「調整攻撃」の機会を逃したことについて、著者トーマス・B・ブュエルは彼の著書*The quiet Warrior*において「機動部隊司令部における参謀長のリーダーシップ」の重要性について言及している。

六月四日十五時四十五分、「飛龍」第二波攻撃隊が帰投し着艦した。零戦二機、艦攻五機を失い艦攻四機が修理不能、零戦一機が不時着、零戦三機が修理後戦闘可能、艦攻一機が修理後戦闘可能と報告された。残存全兵力は、「零戦十機」、「艦爆五機」、「艦攻四機」であった。第二航空戦隊山口司令官は、上空警戒機を配備してアメリカ軍艦上爆撃機の来襲に備え、かつ損傷機の修理を急がせ、戦闘可能機の増加を図っていた。十五時三十一分、彼は残存機をもって第三波攻撃（薄暮）の計画を「長良」乗艦の南雲忠一長官に報告した。「飛龍」は第二波攻撃隊の収容を終えて針路三一五度とした。南雲長官は「飛龍」を取り囲む陣形をとって二十九ノットで北西進した。

山口海軍少将はこの時点で敵の残存空母は一隻であると理解していた。また、アメリカ軍空母の艦載攻撃兵力は午前中の日本軍空母に対する襲撃で消耗し、日本軍空母四隻の内「飛龍」は、大破した他の三空母の上空警戒零戦数機を収容していたので零戦の保有機は多かった。そのため山口少将はアメリカ軍空母機が来襲したとしてもこれを阻止できると判断していたのである。しかし彼はそれから三十分後、アメリカ軍機動部隊は空母二隻を保有している旨を南雲長官に報告した。山口海軍少将は、九九艦爆、艦上攻撃機（雷撃機）の消耗度からみて三隻目の敵空母の撃破は困難と考えるようになった。そして第三波攻撃の敢行に対して躊躇していた。

十六時十二分、戦艦「榛名」は敵アメリカ軍機を発見報告した。アメリカ軍飛行艇が遠方から索敵触敵していることは明らかであった。山口海軍少将はアメリカ軍艦載機の襲撃が近いと判断して飛行甲板待機の戦闘機を上空の迎撃に発進させた。これで上空警戒機は十三機となった。天候は晴れであった。

上空警戒機増強から四十七分が過ぎ「飛龍」は北西に二十九ノットで航走中であった。

「飛龍」被弾

アメリカ軍急降下爆撃隊ＳＢＤドーントレス二十四機が「飛龍」上空に到達した。アメリカ軍空母「エンタープライズ」艦爆隊長ギャラハー大尉は、「ヨークタウン」艦爆隊に戦艦を狙うように命令すると自らは日本軍空母「飛龍」の飛行甲板のど真ん中を目標に急降下突入した。「エンタープライズ」艦爆隊の第一撃六機は迎撃零戦に投弾を妨害され命中しなかったが続いて「ヨークタウン」艦爆隊三機と「エンタープライズ」の他の艦爆機隊十機は西方に回り込み傾斜した西日を背にして突撃した。

アメリカ軍の攻撃隊は、十五時三十分に母艦を発進してから一時間足らずで日本軍第四の空母「飛龍」を発見して攻撃した。スプルーアンス海軍少将は、第四の空母発見攻撃開始報告を受けてこの空母の撃沈はもはや必至であると確信した。彼は再び今後いかに行動すべきかについて思考をめぐらすのであった。大破して漂流中の空母「ヨークタウン」のことについて臨時の旗艦（巡洋艦「アストリア」）に移乗しているフレッチャー海軍少将はどうしようとしているのか。戦場現場の指揮官は、あくまでフレッチャー海軍少将である。さらに、夜間の行動はどうするのか。決定を下すべき事項は未決であった。フレッチャー海軍少将は、何も発信してこない、彼がどうしようとしているかも判断できなかった。そこでスプルーアンス海軍少将は、次の質問をフレッチャー海軍少将に対して送信した。

「『ホーネット』および『エンタープライズ』の攻撃隊は現在『ヨークタウン』の索敵機が発見した第四の空母を攻撃中である。『ホーネット』は東方約二十マイルの地点にあり。今後の作戦に関する指示ありや」

スプルーアンス海軍少将は、適時に適切な質問を先任の指揮官に発信した。

「なし、貴艦の動きに従う」とフレッチャー海軍少将は回答してきた。

彼は、フレッチャー海軍少将からのこの回答は、「今後の作戦をスプルーアンス海軍少将に任せて全部隊の指揮を執るようにせよ」との意味と受け取ったのである。フレッチャーは巡洋艦に座乗した状況下にあっては自らが空母対決の航空戦の指揮を執るのは困難であると判断していた。そうであれば空母「エンタープライズ」に乗艦して空母二隻を指揮しているスプルーアンスの方が指揮機能上有利にあったのである。この戦場でだれが全部隊の指揮を執るのかがこの際に最も重要であり、これら両指揮官の要務は筋の通った対応であった。そこで、フレッチャー海軍少将は全部隊の指揮権を明確にしたのである。この項に関しては、日本軍空母が「魔の五分間」で四隻中三隻を喪失し、南雲長官が巡洋艦「長良」に移乗して第一機動部隊空母艦隊の指揮を執り続けたことが如何なものか、また、そのことによって「飛龍」反撃攻撃隊の発進を逡巡させたと思われる場面を想起させるものである。

「飛龍」護衛の「榛名」「筑摩」そして「利根」は対空砲火で応酬したが、この「襲撃」により十七時三分「飛龍」は四発の命中弾を受け攻撃機の発着艦が不能となった（別図）。ここに日本軍第一機動部隊（空母艦隊）は、沈没一隻（「蒼龍」）、大破三隻（「赤城」、「加賀」、「飛龍」）の全空母四隻全てが戦闘不能となった。「飛龍」一隻の奮闘による戦局の挽回を期待していた南雲長官をはじめ第一機動部隊の隊員の失望感は尋常ではなかった。第一航艦源田實航空参謀の言として次の一文がある。「『飛龍』がやられたときは全くがっかりした。このためか、その後の一航艦司令部の第二航空戦隊への作戦指導の中には戦場の心理といった不可解なものが残存していた。」（戦場の心理。自分が死ぬか、相手〈敵〉を殺せるのか、ストレスと知覚のゆがみ〈正常でないこと〉の中で正常な判断を強いられる）。

アメリカ軍の空襲には空母艦載機とこれにハワイから来襲したB－17爆撃も加わった。B－17による直接の被害はなかったが、アメリカ軍の戦闘能力の底堅さを感じざるを得ない空襲であった。

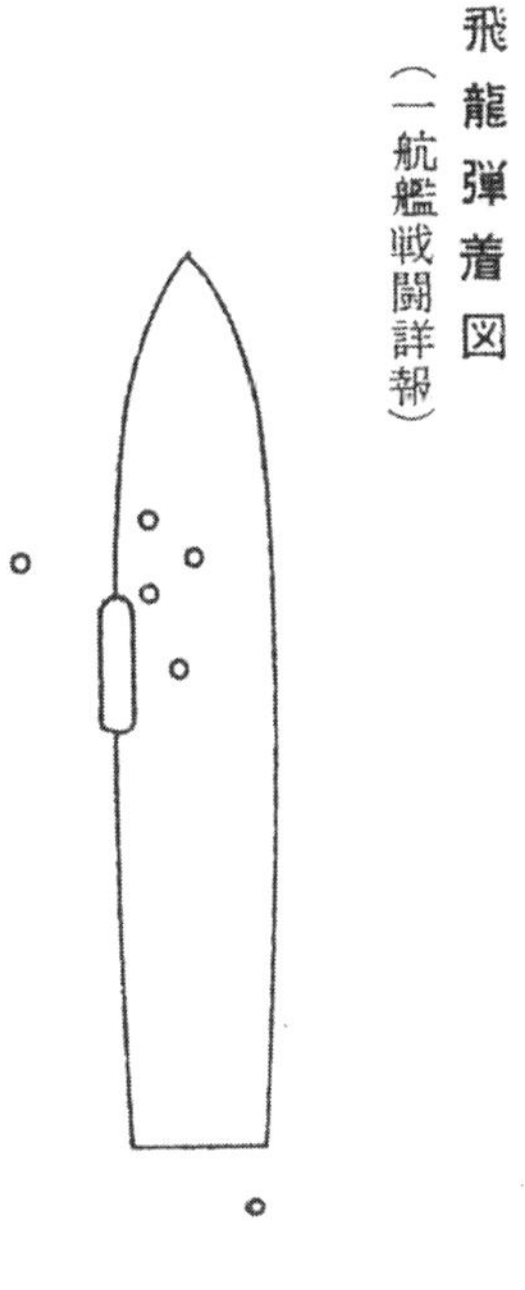

飛龍弾着図
（一航艦戦闘詳報）

「飛龍弾着図」（一航艦戦闘詳報）

出典：防衛研修所『戦史叢書 43巻　ミッドウェー海戦』

「飛龍」被爆後のアメリカ軍の攻撃は、戦艦や巡洋艦そして駆逐艦に対して十八時三十分ごろまで続けられたが日本軍はその殆どを回避して被害はなかった。またこの戦闘で防空戦に当たった艦戦隊（零戦）は空襲が終わった後、味方駆逐艦付近に不時着して搭乗員は救助された。

情報の混乱

南雲長官は夜戦の敢行に意欲を見せていた。しかし「筑摩」の索敵機からはアメリカ軍健在空母三〜四隻と報告されており、また索敵機を収容した「筑摩」に搭乗員への再確認を指示、その結果四隻の空母が針路を西へ航行中と報告してきた。

南雲長官は、このアメリカ軍の空母四隻の存在を知り北西への避退を決心したのである。

二十八、「飛龍」(山口少将)の最期

被弾した「飛龍」は機関は可動であり、二十一時二十三分、戦場離脱と消火につとめたが、艦内、特に艦橋と各科間の電話が不通となった。このことから特に機関科は全滅したと判断されていた。また駆逐艦が横付けして消火に当たったが、誘爆のため消火は不可能となった。

翌六月五日午前二時三十分、山口海軍少将は、南雲長官(巡洋艦「長良」座乗)に総員退艦させることを報告した。そして「飛龍」最期の時間、山口司令官と加来艦長は駆逐艦「巻雲」の雷撃によって轟沈される「飛龍」と運命を共にしたのである。山口海軍少将は、退艦する部下将兵から共に退艦を促されたが、現下敗北に鑑み「陛下に対して申し訳なく艦と共に命をもってお詫び申し上げる」との辞世の言葉を残し断固退艦を拒否した。

「飛龍」戦死者四一七名であった。

作戦計画の再整理

一方、空母「エンタープライズ」の搭乗員が帰艦し、第四の空母(「飛龍」)に命中弾をあたえたものの、さらに巨大空母を護衛していた戦艦、巡洋艦及び駆逐艦は健在であることを報告した。確かなことは、日本軍空母艦隊の主力である空母四隻は大破撃沈されて日本軍の戦力は衰退した。しかし、彼らはいまだに強力な海軍兵力を保持し続けていることには変わりなかった。さらにスプルーアンス海軍少将は今後の戦略について情勢判断を下す必要があった。

五月二十七日のニミッツ海軍大将、フレッチャー海軍少将及びスプルーアンス海軍少将による作戦会議及びニミッツ司令長官が示した命令書のとおり、彼の指揮する部隊の任務はミッドウェイ島を侵略占領しようとしている日本軍巨大空母艦隊を迎え撃滅させることであり、その作戦目的は達成されようとしていた。そこで彼はここで作戦目的を再整理した。

日本軍は、損害を被りながら、ミッドウェイ島の攻略を敢行する可能性もあり、一方これを中止して退却する可能性もある。日本軍は、水上打撃戦闘に関してはアメリカ軍を凌ぐ兵力を保有しており、その兵力をもって四隻の空母を失ったことに対する復讐としてそれら水上艦艇を駆使して反撃に乗ずることも考えられた。アメリカ軍空母艦隊の百マイル四方には日本軍の戦艦、巡洋艦等が現存している。もしスプルーアンスが敵を求めて西方に進出するならば無傷の日本軍部隊と出くわすであろう。そして日本軍の水上戦艦部隊は、空母と同じだけの三十ノットを超える速力を有し、強大な砲備は充実、昼夜を問わず正確な射撃力を有しているのである。

スプルーアンス海軍少将はこのような危険を冒して日本軍を追うつもりは毛頭なかった。彼は西方にいる敵部隊を目ざしてこれ以上攻撃目標として前進しないことにした。しかし彼は、アメリカ軍が日本軍から遠く離れてむやみに後退することは最悪の戦略と考えていた。彼は、日本軍との夜戦による損害を避けるための方策を考えると共に、夜明けからミッドウェイ島に上陸しようとする日本軍上陸部隊に艦砲砲撃を加え、同島の近位置にいる傷ついた空母及び当該空母を護衛している艦船部隊への航空攻撃が直ちに可能な優位な位置を保持しておく為の準備にとりかかっていた。スプルーアンス海軍少将は、参謀らに明朝に日本軍を攻撃できる位置にアメリカ軍を配置するようにしてほしいと改めて要求した。各参謀には何か良い意見をもち、これに適う作戦案を提示するものはいなかった。

スプルーアンス海軍少将は自ら決定を下さなければならなかった。夜間における最も危険なことは敵の潜水艦による攻撃であった。その防禦対策として一晩中走り続けておくことを前提とした。つまり、どこかに留まることなく絶えず艦隊を移動させること、今からまず真夜中の間は東に向かって航走し、それから北の方に向かい、その後西に針路を取り、夜間日本軍艦隊に出合うことなく避けながら明け方にミッドウェイ島防御に対する支援を与えうる適切な距離内に位置することとしたのである。この時点で戦策においてスプルーアンス海軍少将の実施すべき方針決定はここまでで十分であった。

夜戦を検討

日本軍空母「赤城」以下三空母を喪失した第一機動部隊南雲長官は連合艦隊山本長官に戦況を報告、山本長官は輸送船団の一時北西方位への撤退を命じた。さらに続いて主力空母四隻（「赤城」、「加賀」、「飛龍」、「蒼龍」）を全部失ってしまった報告を受けた山本長官は（付説。その際、山本長官は「源田は無事か？」とただ一言たずねたという。源田實海軍中佐は、南雲海軍中将の航空参謀であった。また、真珠湾攻撃の作戦立案者であった。彼は、この先日本海軍航空兵力の復活に欠くべからざる日本海軍士官〈人材〉であった）、十七時三十分この難局を打開するため、攻略部隊と第一機動部隊の決戦兵力をもって夜戦を敢行しアメリカ軍空母部隊の撃滅を期し次の発令を行った。そのうえでミッドウェイ島攻略の目的を達成しようとしたのである。山本長官は十九時十五分電令作第五八号をもって夜戦命令を発令した。

一　敵艦隊ハ東方ニ退避中ニシテ空母ハ概ネ之ヲ撃破セリ
二　当方面連合艦隊ハ敵ヲ急進撃滅スルト共ニ「ミッドウェイ島」ヲ攻略セントス
三　主隊ハ六日X地点フメリ三二ニ達ス、針路九〇度速力二〇節

（出典：防衛研修所『戦史叢書43巻　ミッドウェー海戦』）

「フメリ三二は北緯三二度八分、東経一七五度四五分」

「南雲長官は夜戦の企図を断念し」、「飛龍」を護衛しながら北西進し、二十一時三十分、その旨を山本長官に報告した。またこの時点で、すでに連合艦隊に報告した敵残存空母隻数に間違いがあると判断したのである。

指揮官の交代

この報告を二十二時に受領了解した山本長官は、南雲長官の決意が極めて消極的と受けとめて、合同すべき第一機動部隊と攻略部隊本体とは遠い距離にはいたが、攻略部隊本隊司令長官近藤信竹海軍中将に両部隊を統一指揮するよう命令した。

南雲長官の合戦観

この命令と行き違いに南雲長官は、連合艦隊が企図する夜戦急迫命令に関連して、敵空母はなお四隻が西進中であるから、明朝水偵をもってこれを捕捉する方針であると夜戦の意図を放棄した報告を行ったのである。

この間連合艦隊は、南雲長官が引き続き西進しているのが不思議であった。まさか、南雲長官が「長良」のみを率いているのではと疑問を持つようになり、同長官に第三戦隊と第八戦隊の動向を報告させてその確認を行ったのである。

山本長官の命令により近藤信竹海軍中将は第七戦隊（「最上」、「三隈」、「鈴谷」、「熊野」）にミッドウェイ島に向かうよう命じ、また第一機動部隊と合同してアメリカ軍機動部隊に夜戦を挑む方針を示した。連合艦隊は、ミッドウェイ島航空兵力が機能中であるかを南雲長官に確認をとっている。旗艦「長良」には空母「飛龍」がアメリカ軍空母二隻を撃破したという報告があり（誤報で「ヨークタウン」一隻を二度攻撃の誤成果）、それにより「長良」の一航艦司令部はまだまだやれるという希望を抱いた。しかし、夜戦を企みその準備の中、北上中の十七時五分、空母「飛龍」の被弾、大破の報を受け南雲長官は、アメリカ軍機動部隊三隻または四隻（実際は二隻）に加えミッドウェイ航空基地戦闘機による制空権下での水上からの打撃戦闘は困難と判断した。そこで一旦西方に反転の上、あらためて別の夜戦を企んだ。さらに夜戦の希望を水上打撃戦に変更し、敵艦隊を探して航走していたのである。連合艦隊司令部・宇垣参謀長は「空母四隻を目の当たりで失った」当然のことと理解を示すものの麾下の戦艦、巡洋艦搭載の水上偵察機を発進させ索敵を行わない南雲長官の消極性を批判した。連合艦隊は、先の南雲長官からの十九時五分の消極的な電報から「夜戦の見込み消滅」と判断した。

二十九、ミッドウェイ攻略作戦の中止

連合艦隊司令部内では、なお夜戦を敢行するか否かについて参謀長と参謀の間で激論が交わされた。また、連合艦隊宇垣参謀長は第一機動部隊の指揮官の夜戦消極思考の現状と戦術上夜戦部隊を敵陣深く進出させた場合、明朝黎明におけるアメリカ軍空母艦載機の総攻撃を受けることは必至であり、決定的な打撃を被る懸念を示し夜戦に見切りをつけるべきと主張した。しかし、参謀の中には、夜戦断行の主張も得べかりしもののふの価値感として根強かった。連合艦隊山本長官は、第一機動部隊の夜戦消極思考とその「合戦観」を察し、夜戦の断念の結論を採用しアメリカ軍空母艦載機到達圏からの離脱と本作戦の中止を決意した。

山本長官は六月五日午前二時五十五分『ミッドウェイ攻略作戦』の中止を発令した。

「ミッドウェイ」攻略ヲ中止ス

「ミッドウェイ」攻略作戦の中止が決定した瞬間である。日本軍は撤退を開始した。六月五日午前七時三十分、軽空母「鳳翔」の九六式艦上爆撃機が、漂流する「飛龍」と甲板上の生存者を発見し報告、連合艦隊司令部は南雲司令部に「飛龍」が沈没したかどうか確認を命令した。「飛龍」の現状を知らなかった南雲司令部は十二時四十五分「長良」より水上偵察機を発進させて駆逐艦「谷風」を「飛龍」の処分と生存者救助のために派遣した。「谷風」は十五時すぎに「エンタープライズ」から発進したSBDドーントレス急降下爆撃機の攻撃を受けたが、対空砲火により四機の撃墜を報告して生還した。また「ホーネット」爆撃機隊は引き続き駆逐艦「谷風」を攻撃したことを報じたが「谷風」は回避、損害はなかった。六月五日午前中に、山本長官麾下の連合艦隊主隊、近藤長官麾下の攻略部隊及び南雲長官の残存兵力は合流した。

攻略部隊本部と第一機動部隊は既に反転し攻略部隊の占領隊護衛隊及び軽空母「瑞鳳」航空隊は西方に避退をはじめていた。支援隊（栗田少将）の七戦隊は、ミッドウェイ島の砲撃を取りやめて反転して帰途についていたが、途上においてアメリカ軍潜水艦の攻撃回避中重巡（「三隈」と「最上」）二隻が衝突し航行が危ぶまれた。支援隊の七戦隊（「熊野」、「鈴谷」、「三隈」、「最上」）は上陸する輸送船団の護衛の任に当たっていたが、南雲空母艦隊の壊滅的な敗北により山本長官より十五時二十四分新たな任務であるミッドウェイ島への夜間戦闘の砲撃実行命令を受けて約九時間最大戦速で同島に向けて進撃、あと二時間で砲撃開始という地点に達していた。その時連合艦隊は夜戦の中止を決意し、砲撃止めの（翌六月五日午前零時）命令が発せられた。

第七戦隊は〇時四十五分進路三〇〇度としミッドウェー島の九十マイルの位置に移動を図った。艦隊は反転後各艦の距離を八〇〇メートルと開き単縦陣で航行中午前二時十八分、旗艦「熊野」が右四十五度、五〇〇〇メートルに敵潜水艦を発見し、「取舵」四十五度一斉回頭を全艦に令したところでさらに同方位に潜水艦を認めた。旗艦「熊野」は間髪を入れず「取舵」四十五度緊急一斉回頭を令した。その緊急一斉回頭において四番艦の「最上」と三番艦「三隈」が衝突、共に大破損を被り最上は艦首を切断し速力十ノット以下となってしまったのである。その後第七戦隊司令官栗田健男海軍少将は「最上」の護衛に「三隈」と駆逐艦（荒潮、朝潮）を充て南西諸島のトラック島への退避を命じ彼は「熊野」と「鈴谷」を率いて北西に向い主力部隊と合流した。

（出典：防衛研修所『戦史叢書43巻　ミッドウェー海戦』）

一方、六月四日真夜中、スプルーアンス海軍少将の艦隊は計画した通り北方に向かって針路を変えた。それから四十五分後、当直参謀が西北方面に水上部隊と思われる艦影をレーダーが捕捉した。この艦影はスプルーアンスが接触を避けている強力な日本軍の水上艦隊の可能性と判断して彼は艦隊の針路を緊急に東方へと取ると共にこれを確かめるために駆逐艦を派遣した。六月五日午前四時すぎ、またしても彼の眠りは破られた。潜水艦が敵らしい艦船多数をミッドウェイの西方九十マイルの地点で発見したという報告をした。スプルーアンス海軍少将は当該

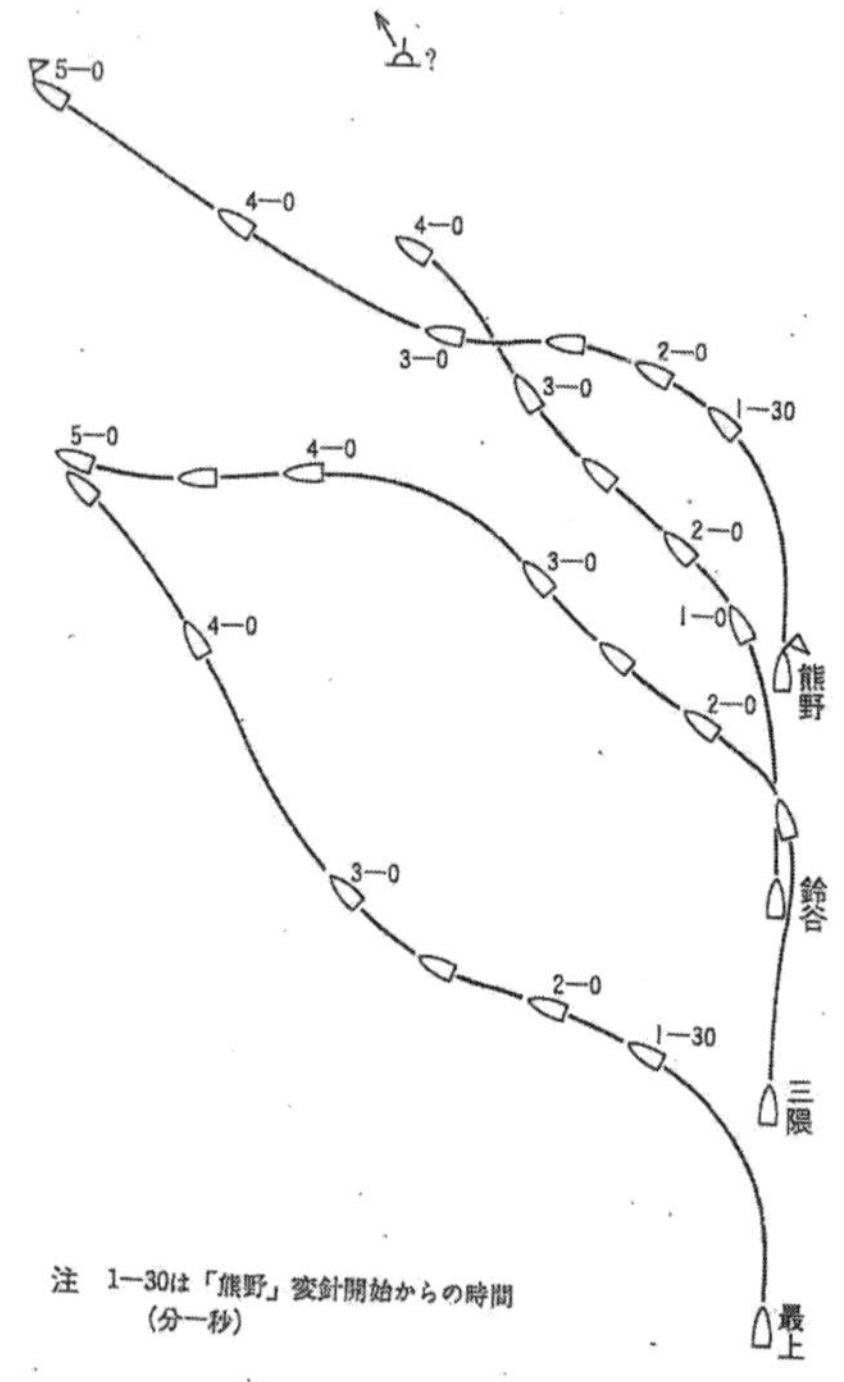

三隈、最上衝突までの対勢推定図

出典：防衛研修所『戦史叢書43巻　ミッドウェー海戦』476頁

発見がミッドウェイ島からの位置から推察して二十七〜二十八ノットで三時間と見積もった上で日本軍がミッドウェイ島に対する侵攻を続けようとして兵力を集結させているものと判断した。彼は直ちに西に針路をとり高速でミッドウェイ島に向かった。夜が明けて「潜水艦」から日本の巡洋艦二隻がミッドウェイ島から後退して西へ向かっていると報告してきた。そしてまた、ミッドウェイ島航空基地から発進した索敵機が、日本軍の巡洋艦二隻が重油の帯を引きながら航走しているところを発見し報告した。その後しばらくして、このことについて分かったところであるが、これら二隻の巡洋艦は「潜水艦」の攻撃に備えてこれを避けようと回避運動中に衝突が発生したのである（詳細別記のとおり）。これらの報告を総合して、スプルーアンス海軍少将は日本軍がミッドウェイ島に対する攻略占領をとりやめたものと判断した。

彼は、六月四日の大海戦戦闘をふり返り、この海戦が誠に「典型的な大海戦」であったことを実感結論した。そしてさらに肝要なことは戦場における「状況不明」下にあって、指揮官は、最大限に情勢把握につとめ「自分の行動に信念を持っていなければならない」ことを戦いの勝利の要訣とした。彼にとって、「最大の正念場」は六月四日、攻撃隊の発進の決心であった。しかし、一方で彼は、この戦いでTBD雷撃機隊をはじめ艦載機搭乗員、艦艇乗組員及びミッドウェイ島を死守した戦爆雷撃機戦闘員そして同島航空基地防御隊員の犠牲に対しての哀悼の意を強く感じていた。

「戦いはまだ終結していなかった。」

スプルーアンス海軍少将は、日本軍がこれから先にミッドウェイ島への攻撃を仕掛けてくるかを勘案していた。なぜなら日本軍が五隻目の空母を持っていることが確認されていたのである。また、日本軍の艦艇水上打撃力は強烈で健在であった。スプルーアンス海軍少将は近くにいると思われる日本軍五隻目の空母に攻撃を加えたいと思っていた。彼は五隻目の空母の行動を監視して警戒を解かなかった。この際、彼が最も重要視したのは、数少なくなった「アメリカ軍空母艦載機」の運用についてであった。彼は、日本軍の五隻目の空母そして戦艦や巡洋艦を攻撃して自らの空母艦載機を使い尽くしたあとで、日本軍が攻撃を加えてくるかもしれないと思っていた。さらにその朝の天候は艦載機航空部隊兵力の行動に適していなかった。スプルーアンスは巡洋艦に搭載されている水上機による索敵は可能であったのに発進させなかった。彼は自らの防衛、残り少なくなっていた空母艦載機を天候不良等によって消耗することを避けたかったものと推察される。彼は敵の情報が何も入手されない状態で耐えていた。しかし、彼は潜水艦やミッドウェイ島の航空基地から発進する索敵機の情報に依る方法を選択した。だが、同島を発進した索敵機は日本軍艦隊を捕捉するいとまもなく帰途についてしまったのである。

六月五日午前、第十六任務部隊スプルーアンス海軍少将は一つの判断を下した。彼は日本軍はミッドウェイ島を再び攻撃することはないと結論づけた。日本軍の二つのグループは、一つはミッドウェイ島から西方に、一つは同じくミッドウェイ島から北西方にいることは明らかであった。後者は、かなり北西方に距離をとっていたが、報告によると炎上しつつある空母

（「飛龍」）と重巡洋艦（「三隅」、「最上」）二隻を含めて行動していた。スプルーアンス海軍少将はこの後者を攻撃対象として定め二十四ノットで追撃した。しかし彼は、北西方にいる日本軍のその後の位置に関する情報を受け取っていなかった。スプルーアンス海軍少将は戦況の速やかな展開に応じて判断と決心を素早くくり返した。それによってこの今も六月五日早朝の潜水艦の日本軍の位置と行動の情報に基づいて追撃を計画するほかはなかったのである。アメリカ軍第十六任務部隊は炎上中の空母一隻と二隻の重巡洋艦を追って接近し続けた。しかしその位置について疑わしくミッドウェイ島から発進した索敵機からも敵情報は得られなかった。それにもかかわらず第十六任務部隊は結果を得たく、十五時、攻撃機を発進させた。この攻撃隊は日本軍の小型艦を発見し攻撃したが命中せずに燃料わずかの状態で日没直前に空母上空に帰還した。午後遅く実施した日本軍艦隊に対する攻撃は最大の効果をあげることはできなかったのである。出撃した飛行機を全機収容させて彼が思ったことは彼ら艦載機搭乗員は二日間にわたる戦闘で疲労度はピークであり馴れない夜間着艦もしなければならないような攻撃については、決して好ましい決定でないということであった。なぜなら彼の最も重視している事は第十六任務部隊空母の確保とそのより多くの艦載機の温存であったからである。かと言って昼間、悪天候の中、北西の敵に向かって前進して危険を冒すだけの理由もなかった。しかしながら北西方の悪天候にまぎれ西方に転進する日本軍を発見する機会を見逃がさないために自らの艦隊の針路を西に取ったのである。六月六日朝になってスプルーアンス海軍少将は安全で経済的な航走で十五ノットの速度を採用した。それは、残り少なくなってきた駆逐艦の燃料を節約するためであった。同日夜明けを待って日本軍戦艦、巡洋艦、駆逐艦より編成された艦隊が二手に分かれて日本方向に航行していると、空母「エンタープライズ」から発進した索敵機が報告してきた。位置は同空母から方位南西、距離一三〇マイルであった。スプルーアンス海軍少将は、これまで信頼性の低い敵発見の報告を受け、その後の追撃に必要な継続的な日本軍艦隊の位置情報が得られずに苦悩していた。そして日本艦隊の位置を的確に把握するため各巡洋艦の索敵機を発進させた。同じ日、朝早く太平洋艦隊司令長官チェスター・W・ニミッツ海軍大将から「ホーネット」第八雷撃隊員で唯一生き残った「ゲイ少尉」について彼を救出したという電報を受け取った（詳細前述）。そしてニミッツ海軍少将はスプルーアンス海軍少将に対して、今こそ日本軍艦隊を誘い出して、これを撃滅すべきときであるとのメッセージを送った。スプルーアンス海軍少将にとっては今まさにその攻撃開始その時であり言われる筋合いでもなかった。同日八時に空母「ホーネット」は急降下爆撃機二十六機を護衛戦闘機と共に発進させた。続いてスプルーアンス海軍少将は、帰還した「ホーネット」索敵機（第八哨戒爆撃機中隊）を「エンタープライズ」に収容し、当該機がその後直ちに先刻発進した「ホーネット」第八爆撃機中隊及び哨戒爆撃機中隊の後に続いて攻撃できるよう発進準備にかかるように命じた。九時三十分「ホーネット」の爆撃隊は日本軍の重巡洋艦二隻を発見、これを攻撃中と報告してきた。また日本軍の巡洋艦は大破したものの沈没はしていないと報告してきた。

六月七日、スプルーアンス海軍少将は、「ホーネット」に対して三回目の攻撃隊を発進させるよう命令した。そしてその爆撃隊は、発進してすぐに重巡洋艦の上空四〇〇〇メートルに到達した。「攻撃開始」の命令、飛行隊長（ロバート・ジョンソン海軍少佐）の言葉が「エンタープライズ」司令部作戦室ラウドスピーカーから流れた。

六月七日九時四十五分から十四時四十五分にかけてアメリカ軍攻撃隊は、空母のかわりに戦艦を発見、それは「三隈」と「最上」であった。「三隈」は空母又は戦艦と誤認され集中的に攻撃を受け沈没した。「最上」及び駆逐艦「荒潮」も大きな損傷を受けたが、かろうじてアメリカ軍攻撃圏外に脱出した。連合艦隊山本長官は、麾下の主力部隊及びウェーキ島航空部隊と合同してアメリカ軍機動部隊に対する空襲と水上打撃戦を企画した。

一方スプルーアンス海軍少将率いる第十六任務部隊は西方に変針して追撃を継続していたが駆逐艦の燃料を補給する必要性が出てきていた。また、飛行機隊搭乗員も三日間にわたる戦闘で疲れ切っていた。そして機動部隊は日本軍の陸上航空基地のあるウェーキ島に近づきつつあった。

スプルーアンス海軍少将はもとよりウェーキ島の飛行部隊の飛行圏内にまで日本軍を深追いすることは、空母をはじめとする艦隊を危険に晒すことになると考えていた。彼は危険を冒すつもりはなかった。

スプルーアンス海軍少将は戦闘を打ち切ることにした。そして東北海上に進路をとり、油槽艦と合流したのである。

六月七日五時、アメリカ軍空母「ヨークタウン」は前日「飛龍」攻撃隊の攻撃により大破し三ノットで索敵されているところを第一機動部隊の水上偵察機に発見された。救助艦は駆逐艦一隻と艦隊曳船一隻であった。南雲長官は山本長官にこれを報告、第三潜水戦隊を通して「伊号第百六十八潜水艦」にこれを撃沈するよう命じた。「ヨークタウン」の位置はミッドウェイ島から北北東一五〇マイルであった。六月七日、護衛は駆逐艦「ベンハム」他三隻でサルベージ作業も順調に進みハワイに曳航中であった。その頃ミッドウェイ島近位から「ヨークタウン」に向かって急行した伊百六十八潜水艇は六月七日十三時五分、潜望鏡を上げて観測、魚雷四本を発射した。通常は二本を二度間隔とするところであるが「必殺」と期した一斉四発の発射とした。魚雷二本は「ヨークタウン」に命中し大爆発音とともに撃沈となった。また一発は「ヨークタウン」に横付けして作業を行っていた駆逐艦「ハンマン」に命中し、共に轟沈された。

三十、戦場離脱成功

アメリカ軍機動部隊の追撃から離脱に成功したものと判断した山本長官は、燃料補給を最も急ぎ、重巡洋艦「最上」と駆逐艦二隻に給油をさせて、これらに護衛を付けて南太平洋トラック島泊地に回航することを第七戦隊司令官栗田海軍中将に命じた。さらに六月七日九時四十五分、所在する全部隊に対して給油を命じた。

翌日八日十四時、同長官は連合艦隊の今後の作戦方針を下令した。当該方針の結びは〝主隊、攻撃部隊、第一機動部隊（一部欠）ハ本職之ヲ率ヒ内海西部ニ回航ス〟であった。

（完）

結

太平洋戦争における「ミッドウェイ島」攻略占領作戦は日本軍にとっては準備に薄く「試し撃ち」的であり、またその先の戦略も準備していなかった。一方アメリカ軍にとっては戦況によっては重大な結果をもたらすことは明白であった。戦闘の準備としては、アメリカ軍はヨーロッパ戦線大西洋におけるドイツの台頭に対する海上、制海空権の確保のため空母二隻を常時派遣する必要があり、太平洋における日本海軍の台頭とその強力な戦力は、アメリカ軍のそれは手薄と言える程であった。

アメリカ軍ニミッツ海軍大将は日本軍の攻撃の標的とされたミッドウェイの島とその海についてアメリカ合衆国にとって極めて重要な戦略的価値と位置づけ日本軍を恐れることはなかった。彼は部下とよく話し合った。その内の一人であるフレッチャー海軍少将は、五月初旬に珊瑚海海戦で航空攻撃と航空守備において敗北直前の辛酸をなめ、空母決戦の部隊運用についてアメリカ軍空母艦隊の中でも最も信頼の置ける人物であった。またもう一人は、スプルーアンス海軍少将である。直前まで巡洋艦艦隊司令官として名を馳せていたが航空部隊の指揮の経験はなかった。しかし、彼の部隊運用と柔軟な発想と俊敏な決断力はニミッツ海軍大将をしてアメリカ軍空母部隊の主戦力である第十六任務部隊の司令官に抜擢させたのである。

それ以外にもニミッツ海軍大将の重要な職務は多くあった。その一つは戦略的に日本軍の意図を速やかに確認することと、戦術的には、彼ら日本軍はどこからどの航路を巡航して来るのか把握することであった。そしてニミッツは暗号解読により日本軍の攻略目標を確認してさらに進攻する日本軍の航海計画を予知し、的中させた。

一方日本軍連合艦隊の戦備は、戦闘場面を想定しその激しい敵対言語（撃滅等）が行き交う精神的議論が多く目立っていた。その記録としてこの戦いは何のために、そしてそれでもって何がどう変わるのかという場面は顕在していなかったのである。結果的に戦艦「大和」を旗艦とする連合艦隊司令部は遥か後方に位置し、日本軍連合艦隊は戦略戦術において作戦の中止とアメリカ軍の制空戦域からの部隊離脱の指揮を執るにとどまったのである。

ミッドウェイ海戦ではニミッツ海軍大将は日本軍の用兵思想を解き明かし、山本海軍大将はアメリカ軍のそれを解きつつあった。日本軍の「ミッドウェイ島攻略」と「アメリカ軍空母機動部隊の撃滅」との二正面作戦は巧妙ではあるが、戦略として複雑でもあった。それがために攻撃の方向性を誤り、単純で直接的なアメリカ軍の攻撃に対して「先制」「奇襲」を許すこととなったのである。

あとがき

日本軍連合艦隊はミッドウェイ海戦を戦い終えて内地に帰還した。空母四隻と空母艦載機三〇〇機を一挙に失い三千余名の戦死者を出した。海軍部と連合艦隊は次期作戦の戦略を見出せなかったのである。そして日本軍にとってアメリカ軍の太平洋における脅威は益々増大していった。

一方アメリカ合衆国内では、メディアがアメリカ軍太平洋艦隊の功績を高く称え、国民の士気は高まった。アメリカ軍は国民の支持を背景に空母建造をはじめ戦時態勢の強化に重点を転じた。

「ミッドウェイ海戦」は結局のところ戦略力とその用兵において劣り、その結果において日本軍は敗れた。この海戦の勝敗の転機は幾度となく存在する。しかし勝利のみを前提とする戦いは必ず脆弱な守備により崩壊するという実例でもあったのである。

ミッドウェイ海戦の勝敗はアメリカ軍にとって南東太平洋における制海権（シーパワー）の確固たる掌握に足るものであった。一方日本軍にとって南東太平洋における制海権の確保のための本海戦においては主力空母四隻を喪失した敗北の結果となり、とりわけソロモン諸島及びその周辺の軍事的命脈を断たれる要因となった。

ミッドウェイ海戦から二カ月後、昭和十七年八月七日、アメリカ軍を基軸とする連合軍（米・英・豪）は日本軍が開発・飛行場建設中のガダルカナル島への奇襲攻略に成功した。ミッドウェイ海戦で航空兵力の多くを失った日本軍は、連合軍・アメリカ軍の空母艦載機による航空攻撃に耐えたが作戦機能は急速に低下していったのである。

（参考文献）

防衛庁防衛研修所戦史室編著『戦史叢書43巻　ミッドウェー海戦』朝雲新聞社
西嶋定生『日本歴史の国際環境』東京大学出版会
サミュエル・E・モリソン著／中野五郎訳「ミッドウェイ海戦」筑摩書房編集部編『現代世界ノンフィクション全集12』筑摩書房
アルフレッド・セア・マハン著／水交社訳『海上権力史論　上』東邦協会
サミュエル・E・モリソン著／中野五郎訳『太平洋戦争アメリカ海軍作戦史Ⅲ・Ⅳ　珊瑚海・ミッドウェー島・潜水艦各作戦（上巻・下巻）』改造社
Midway preliminaries and The Battle of Midway, *The Quiet Warrior: A Biography of Admiral Raymond A. Spruance* By Thomas B. Buell, Little Brown and Company, Boston
トーマス・B・ブュエル著／小城正訳『提督・スプルーアンス』読売新聞社
ウィキペディアより「ミッドウェー海戦」（2019年4月25日更新）「珊瑚海海戦」「ミッドウェー島」「翔鶴（空母）」「瑞鶴（空母）」「ホーネット（CV－8）」「祥鳳（空母）」「レキシントン（CV－2）」「ヨークタウン級航空母艦」「TBD（航空機）」「PBY（航空機）」「F4F（航空機）」「SBD（航空機）」
E・B・ポッター著／秋山信雄訳『キル・ジャップス！――ブル・ハルゼー提督の太平洋海戦史』光人社
Bull Halsey, E. B. Potter, U. S. Naval Institute Press

司馬遼太郎『義経（上下巻）』文藝春秋
司馬遼太郎『坂の上の雲（全八巻）』文藝春秋

感謝の言葉

この稿を執筆するに当たって多くの本を参考として誠に多くの「啓示」を受けました。とりわけ『戦史叢書』（防衛研修所）をはじめ多くの著書、出典に負うところの多大なることに深く感謝を申し上げます。

また、本書出版に当たって東京図書出版各位の真摯なるご支援に厚く御礼申し上げます。

寶部　健次（たからべ　けんじ）

1944年福岡県に生まれる。
- 防衛庁（現防衛省）海自
- 航空交通管制官運輸省（現国土交通省）航空局
- 「後方ロジスティックスに関する答申」（1983年、海自幹部学校）
- 慶應義塾大学法学部（履修：論理学他）
- 専門分野：不法行為法

日・米国家の命運
怒りのミッドウェイ海戦

2021年12月28日　初版第１刷発行

著　　者　寶 部 健 次
発 行 者　中 田 典 昭
発 行 所　東京図書出版
発行発売　株式会社 リフレ出版
〒113-0021　東京都文京区本駒込 3-10-4
電話 (03)3823-9171　FAX 0120-41-8080
印　　刷　株式会社 ブレイン

ISBN978-4-86641-452-2 C0095
Printed in Japan 2021